François Sarano

Wie man mit Haien schwimmt

FRANÇOIS SARANO

WIE MAN MIT HAIEN SCHWIMMT

EINE LIEBESERKLÄRUNG

Illustrationen von Marion Sarano
und Farbfotos von Pascal Kobeh

Aus dem Französischen von Ingrid Ickler

Inhalt

Einführung
Den „Sprachlosen" eine Stimme geben

Inspiration für dieses Buch war mein Tête-à-Tête mit Lady Mystery, der ich am 12. November 2006 in den Gewässern vor Mexiko begegnete.

Fünf Meter Muskelmasse, eine Tonne Eleganz – Lady Mystery war ein gewaltiger Weißer Hai (*Carcharodon carcharias*), der dem Protagonisten des Films *Der weiße Hai* von Steven Spielberg[1] ausgesprochen *ähnlich sah.* Bei den Dreharbeiten zu *Unsere Ozeane*[2] waren die Lady und ich friedlich Seite an Seite geschwommen, Schulter an Flosse, Auge in Auge, nur wenige Zentimeter voneinander entfernt. Zwei Minuten absoluter Glückseligkeit, ein nicht enden wollendes Hochgefühl. Meine Tauchkameraden und die Regisseure Jacques Perrin und Jacques Cluzaud schauten ungläubig zu, dieser Moment der Harmonie war für sie ein Wendepunkt in ihrer Einschätzung dieses gefürchteten Tieres. Die Bilder dieser Begegnung, wunderbar eingefangen von David Reichert und Didier Noirot, gingen um die Welt und haben die Meinung von Millionen Kinobesuchern verändert.

Trotzdem herrscht weiterhin die Meinung vor, Haie seien Menschenfresser, die ruhig ausgerottet werden können. Dabei haben sich die Allermeisten noch nie einem Hai genähert. Den Wenigen, denen es wie mir vergönnt war, einem Hai in seinem Lebensraum zu begegnen, ist dieses Vorurteil unverständlich.

Und noch mehr erschreckt uns die allgemeine Gleichgültigkeit gegenüber dem dramatischen Rückgang der Zahl der Haie und der drohenden Ausrottung ganzer Arten.

Dieses Buch ist ein Plädoyer für Lady Mystery, für alle Haie und Wildtiere, die wir fürchten, weil sie uns fremd erscheinen. Aber auch ein Plädoyer an uns selbst, die wir ahnen – wie Romain Gary es treffend in seinem *Brief an den Elefanten*[3] beschrieben hat –, dass der Mensch seine Menschlichkeit preisgibt, wenn er versucht, Lady Mystery ihre Freiheit als Wildtier zu nehmen.

Ein angemessenes Plädoyer ist nur auf der Basis fundierten Wissens möglich. Man muss sich in denjenigen, den man verteidigt, hineinversetzen und zulassen, sich mit allen Sinnen in seiner Welt zu verlieren, sich seiner *Umwelt* anzunähern. Umwelt im Sinne Jakob Johann von Uexkülls, der in seinem Buch *Umwelt und Innenleben der Tiere* das dialektische Verhältnis zwischen der sinnlichen Wahrnehmung der Umgebung und der aktiven Gestaltung der eigenen Umwelt beschrieben hat. Ein Lebewesen *ist* immer auch seine je besondere Umwelt.

Neben den Eindrücken Hunderter Tauchgänge in allen Weltmeeren möchte ich in diesem Buch die jüngsten Forschungsergebnisse über die Biologie der Haie und ihr außergewöhnliches Sinnessystem vorstellen. Es geht vor allem um Erkenntnisse der Verhaltensforschung und Neurobiologie, die – so unglaublich es klingen mag – zeigen, dass jeder Hai seine eigene Persönlichkeit hat.

Es geht aber auch um die Männer und Frauen, die mit Haien tauchen und für ihren Schutz kämpfen. Sie haben mit Tabus gebrochen, um unvoreingenommen die wahre Natur der Haie zu ergründen. Mein Buch möchte auch dem Leser ermöglichen, sich ein eigenes Bild zu machen, ungeachtet immer wieder aufgewärmter Vorurteile und Paradigmen, die niemand mehr hinterfragt.

Tag für Tag kolonialisieren wir die Territorien der anderen Geschöpfe unserer Erde ein Stück mehr, ohne uns um die Regeln ihrer Ökosysteme zu kümmern, und erhöhen damit das Risiko dramatischer Konfrontationen. Es ist Zeit, innezuhalten und umzudenken. Wir brauchen eine neue Diplomatie, wie Baptiste Morizot[4] es nennt, die uns erlaubt, in Frieden zusammenzuleben.

Dieses Buch ist unseren Verwandten in den Ozeanen gewidmet, aber auch eine Reflexion über unsere Beziehung zur Welt und zur Andersartigkeit. Der Hai, Symbol für „die wilde Bestie", die unseren Regeln nicht gehorcht, die uns Angst macht, weil wir sie nicht verstehen, ist auch ein Sinnbild für das Entbehrliche und Lästige; er steht für alle, die andere Verhaltensweisen, andere Traditionen, Religionen oder Kulturen leben. Das „wilde Tier" kennenzulernen, um eine „diplomatische" Beziehung zu ihm aufzubauen, kann auch eine gute Schule für das Leben in der Gesellschaft sein.

Jeder Hai ist einzigartig. Diese Erkenntnis zwingt uns, über seinen Status als Individuum und damit über seine Existenzberechtigung nachzudenken. Und unseren Platz im Herzen des globalen Ökosystems auf den Prüfstand zu stellen, Seite an Seite mit unseren wilden Mitbewohnern. Der Planet gehört allen Lebewesen.

Kapitel 1

Geschichte eines Missverständnisses: von Plinius zu Disney

Die Axt dringt tief in den sich windenden Körper ein. Wieder und wieder schlägt sie zu. Eine ungeheure Grausamkeit, die die ganze Aversion der Menschen gegen ein monströses Tier auszudrücken scheint: den Hai. Wir sind im Jahr 1954, mitten im Indischen Ozean, auf der Brücke der *Calypso*, dem Schiff von Jacques-Yves Cousteau, der lapidar bemerkte: „Alle Seeleute dieser Welt hassen die Haie. Für uns Taucher ist der Hai ein tödlicher Gegner."[1]

Im Jahr 1989, also 35 Jahre später, auf demselben Schiff im selben Ozean, nehmen wir Kurs auf die geheimnisvolle Inselkette der Andamanen. Ziel der Expedition ist eine Bestandsaufnahme der marinen Fauna der Region, die nie zuvor erforscht wurde und bisher nicht ins Visier des industriellen Fischfangs geraten ist. Nachdem wir die Karibik, den Pazifik und die Gewässer rund um die Marquesas-Inseln und das Great Barrier Reef erkundet haben, hoffen wir, endlich ein noch jungfräuliches Ökosystem vorzufinden, in dem viele Haie zu Hause sind. Einen Ort, den Jules Verne in seinem Roman *20.000 Meilen unter dem Meer* wie folgt beschrieben hat: „Zwar scheuen die Eingeborenen in bestimmten Gegenden, vor allem auf den Andamanen, nicht davor zurück, mit Dolch und Schlinge den Hai zu attackieren, aber schließlich bezahlen viele von ihnen ihren Mut ja auch mit dem Leben!"[2]

Im Jahr 1989 hat sich die Welt definitiv geändert: Das Thema der Bedrohung der Ökosysteme erreicht die breite Öffentlichkeit. Am 2. Januar 1988 kürte das *Times*-Magazin die „Bedrohte Erde“ zur „Person des Jahres“. Die Ausbeutung der „marinen Ressourcen“ hat ein Maximum erreicht: Mehr als 90 Millionen Tonnen Fisch werden weltweit aus den Meeren geholt, eine kritische Schwelle, die nie wieder erreicht werden wird.[3] Der Hai ist kein Feind mehr, er ist in Gefahr. Und Cousteau, der sich vom Meeresforscher zum Umweltaktivisten gewandelt hat, will vor dem rasant schnellen und massiven Rückgang der Zahl der Haie warnen. Vielleicht will er aber auch unbewusst die Szenen aus seinem Film *Die schweigende Welt* wiedergutmachen, in denen Haie als Ungeheuer dargestellt worden sind?

Die Haie der Andamanen

Am 4. April 1989 ankern wir mit der *Calypso* auf 11°8’ nördlicher Breite und 93°31’ östlicher Länge unterhalb des Flat Rock an der Invisible Bank. Es ist fünf Uhr morgens. Kamera, Unterwasser-Schreibtafel, Probenbehälter, alles ist für den ersten Erkundungstauchgang fertig. Erst allmählich bricht der Tag an. Meer und Himmel verschwimmen zu einer grauen Einheit. Die „unsichtbare Bank“ ähnelt oberhalb der Wasserfläche einem Schädel aus Vulkangestein mit einer Schaumkrone: Es ist gerade Ebbe. Wir lassen uns ins Wasser gleiten und haben noch nicht einmal den ersten Zug aus dem Sauerstoffgerät genommen, als drei Silberspitzenhaie (*Carcharhinus albimarginatus*) und zwei große Graue Riffhaie (*Carcharhinus amblyrhynchos*) zu uns aufsteigen. Wie habe ich sie identifiziert, ohne sie richtig zu sehen? Die Körper sind nahezu unsichtbar, nur die Ränder der Flossen zeichnen sich schemenhaft in der dunklen Tiefe ab. Ruhige Kreise ziehend, tanzend, wie lodernde Flammen. Dann halten sie inne, kommen nach oben, und der erste nähert sich. Als würde das Meer einen Hai gebären. Zuerst das schwarze Halbrund des Mauls im Kontrast zur weißen Schnauze, dann der mächtige Körper, verankert zwischen den Brust- und den Rückenflossen. Das kreisrunde Auge, die goldfarbene Iris, in der Mitte die dunkelgraue Pupille. Er fixiert uns unverwandt. Die fünf Kiemenspalten, die aussehen wie Ausrufezeichen. Die Muskeln, die sich unter der mal körnig, mal glatt wirkenden Haut bewegen. Eine schlummernde, kontrollierte Kraft, die jeden Moment explodieren kann. Schließlich die beeindruckende Schwanzflosse, die wie ein weißes Banner wirkt.

Wir lassen uns zwischen einem Korallenriff und einer roten Gorgonie auf den Meeresboden sinken. Der größte Hai kommt noch näher, ein ausgewachsenes Graues Riffhai-Weibchen von mindestens 2,80, vielleicht drei Meter Länge, ein auffälliges Exemplar, denn meistens werden Riffhaie höchstens 2,50 Meter lang. Ein untrügliches Zeichen dafür, dass es hier keine professionelle Fischerei gibt. Das Ökosystem ist jungfräulich. Denn diese seltenen Riesen wären die Ersten, die verschwinden würden, gleich zu Beginn der Ausbeutung des Meeres. Und sie könnten nicht ersetzt werden, denn der Rhythmus der Abfischung ist so hoch, dass Jungtiere keine Zeit haben auszuwachsen. Das neugierige ältere Hai-Weibchen zeigt tiefe Bisswunden an den Körperseiten und einen langen Riss in der linken Brustflosse, ein Zeichen für mehrere Paarungen. Es hätte bestimmt eine lange Geschichte zu erzählen, von einer Welt, wie sie früher war, bevölkert von wilden Horden und gigantischen Monstern, die in Ruhe altern durften. Ich ignoriere meine Probenbehälter und vergesse meine Notizen auf der Schiefertafel, das sind Eindrücke, die sich nicht in Worte fassen lassen …

Cousteau und *König Longimanus*[4]

Nach diesem ersten Tauchgang fällt die Entscheidung, den Schutzkäfig einzusetzen, da es von großen Haien nur so wimmelt. In solch unerforschten Gewässern will Cousteau kein Risiko eingehen. Nach seiner lebensgefährlichen Begegnung mit einem gewaltigen Weißspitzen-Hochseehai (*Carcharhinus longimanus*) vor den Kapverdischen Inseln im Jahr 1948 ist er vorsichtig geworden. Dieses Erlebnis lässt sich nicht so leicht abschütteln und hat ihn tief geprägt, denn der sonst eher schweigsame Abenteurer hat uns die Geschichte an Bord der *Calypso* bereits mehrere Male erzählt, sie aber auch in Büchern beschrieben, mit Varianten, die mit der Zeit immer dramatischer werden:

„Wir waren kaum im Wasser und fünf oder sechs Meter unter der Oberfläche, als wir König Longimanus sahen, den Häuptling langer Arm, wie wir ihn bald nannten.. Er war völlig anders als all die Haie, die wir zuvor gesehen hatten. Sein gedrungener, graubrauner Körper hob sich scharf gegen das klare Blau des Wassers ab; sein Kopf war sehr groß und rund, und seine Brustflossen hatten enorme Ausmaße; seine Rückenflosse endete in Rundungen [...] Mit großem, allzu großem Selbstvertrauen ließen wir die Leine, die uns noch mit unserem Schiff verband, fallen und schwammen geradewegs auf den Hai zu. Es dauerte lange, viel zu lange, bis wir begriffen, dass der Häuptling Langer Arm uns mit sich fortlockte und sich nicht im geringsten vor uns fürchtete. Sobald wir uns darüber klar waren, ergriff uns lähmende Angst, und wir wollten nur noch zu unserem Schiff zurück. Dazu war es aber zu spät. [...] Zwei riesige Blauhaie mit formvollendeten Raubfischkörpern schlossen sich dem Weißspitzen-Hochseehai an, und die drei Haie begannen einen sich allmählich einengenden Kreis um uns zu ziehen. Zwanzig endlos scheinende Minuten lang versuchten die drei Haie mit großer Schläue und Entschlossenheit, jedesmal nach uns zu schnappen, wenn wir ihnen den Rücken kehrten oder wenn einer von uns an die Wasseroberfläche stieg, um (...) unserem weit entfernten Schiff ein Zeichen zu geben. [...] Kurz bevor wir aus dem Wasser gezogen wurden, war ich drauf und dran, dem Weißspitzen-Hochseehai die Kamera an den Kopf zu schlagen, in der verzweifelten Hoffnung, seinen Angriff abwehren zu können und ein wenig Zeit zu gewinnen."[5]

Der letzte Tauchgang mit dem Schutzkäfig

Auch wenn wir in keiner vergleichbaren Situation waren, wir hatten keine drei Kilometer Wasser unter uns, sondern lediglich 15 Meter, wollten wir nicht über Cousteaus Anweisungen diskutieren, um nicht überheblich zu wirken und mögliche Gefahren zu vermeiden.

Der Schutzkäfig, der am Heck der *Calypso* an einem Kran hing, wirkte ein wenig wie eine der Pappmaschee-Puppen, die man am Faschingsdienstag auf öffentlichen Plätzen an einen Galgen hängte und verbrannte, um das Ende des Winters zu feiern. Ein verwirrendes Gefühl. Die penibel gelb gestrichenen Eisengitter, hinter denen die Unterwasserforscher sich schützten, wenn sie in die mit Haien „verseuchten" Gewässer nach unten gelassen wurden, erschienen mir in diesem Moment fehl am Platz. Die zahlreichen Begegnungen mit den Haien hatten unseren Blickwinkel auf die ungeliebten „Bestien" bereits verändert. Gleichzeitig aber verband mich dieser

Käfig, den Millionen Fernsehzuschauer gesehen haben, mit den Helden meiner Jugend, den berühmten Pionieren der *Calypso.*

Um 9 Uhr 30 wurde der Käfig feierlich in das Zodiac-Schlauchboot hinabgelassen und einige Hundert Meter entfernt am Ort des Tauchgangs ins Wasser geworfen. Und was alle vermutet hatten, trat ein: Die Silberspitzenhaie hielten Abstand und überließen das Feld den Jungfisch-Schwärmen, die die Gewässer rund um das Riff bevölkerten. Nur einige Weißspitzen-Riffhaie (*Triaenodon obesus*) und ein Ammenhai (*Nebrius ferrugineus*) kamen so nah, dass sie Didier Noirots Kamera berührten. Es gab absolut keinen Grund, sich hinter Gittern zu verstecken!

Das war der letzte Einsatz des Schutzkäfigs. Er wurde noch am selben Abend abgebaut und verstaut und hat nie wieder einen gelben Akzent in Cousteaus Filmen gesetzt. Die Leuchtfarbe, die uns als furchtlose Froschmänner der *Calypso* gekennzeichnet hatte, gehörte der Vergangenheit an. In der Geschichte der Beziehung zwischen Hai und Mensch wurde eine neue Seite aufgeschlagen.

Friedliche Dämmerstunde inmitten von Haien

Frustriert ging ich in der Abenddämmerung noch einmal tauchen, dieses Mal allein. Die Nasendoktorfische (*Naso hexacanthus*) und die Füsiliere (*Pterocaesio pisang*), die sonst das Riff bevölkerten, waren schon in den Felsspalten verschwunden und schliefen. Ich traf die Silberspitzenhaie wieder. Etwa ein Dutzend, sie waren auf der Jagd. Wie schon am Morgen konnte ich ihre grauen Körper, die mit den Korallenriffen verschwammen, nur schwer ausmachen. Aber trotz des Dämmerlichts – oder

Der letzte Tauchgang mit dem Schutzkäfig in den Gewässern der Andamanen war genau wie wir ihn uns vorgestellt hatten: umgeben von Silberspitzenhaien.

vielleicht gerade deswegen – leuchteten die weißen Ränder der Flossen besonders hell. Das Ballett der tanzenden weißen Flammen wirkte hypnotisierend und ließ mich zur Ruhe kommen. Ich fühlte mich in eine wilde Welt vor unserer Zeit zurückversetzt, wie ein Zeitreisender im Austausch mit anderen Lebewesen, nicht nur Haien, auch anderen Fischen und Korallen. Ich fühlte mich *lebendig* wie selten, als winziger Teil dieses großen *Ganzen,* dem Geheimnis des Lebens auf der Spur. Ich gehörte dazu, zu dieser Welt der Sinne, ursprünglich, ohne komplexes Denken, intuitiv und unverfälscht. Ich träumte, selbst ein Hai zu sein … oder eines dieser ambivalenten Wesen, die die Verbindung zwischen den Menschen und den „anderen" darstellen, halb Mensch, halb Tier, Werwolf oder Kynokephale. Ich wurde von dem tiefen Bedürfnis erfüllt, ein Vermittler für die Haie zu werden, ihr Dolmetscher zu sein, ihr Botschafter bei meinen Artgenossen. Ich wollte den Frieden weitergeben, den sie ausstrahlen.

„Frieden", „Ruhe", „Gelassenheit" sind die Begriffe, mit denen sich die Atmosphäre bei einer Begegnung mit den Haien am besten beschreiben lässt. 30 Jahre später kann ich das Privileg und das Glück dieser seltenen Momente noch besser würdigen und verstehen.

Ein Tier, das alle kennen, aber nur wenige gesehen haben

Welch ein Kontrast zu der Angst, die allein der Name hervorruft! Warum ist die Angst so tief in unserer kollektiven Fantasie verankert, selbst bei Menschen, die noch nie das Meer, geschweige denn Haie gesehen haben? Das Vorurteil scheint weltweit verbreitet zu sein, ob bei Bewohnern überfüllter Metropolen oder bei Rinderzüchtern in den Weiten der USA.

Im Zuge der erfolgreichen Fernsehserie *Geheimnisse des Meeres* entschloss sich Cousteau 1970, einen Dokumentarfilm zu drehen, der sich ausschließlich mit Haien beschäftigte. Er hatte verstanden, dass die Haie mehr als alles andere das Interesse der Zuschauer an seiner Serie[6] weckten, mehr als verborgene Schätze, untergegangene Städte, Delfine und Wale. „Der erste Film dieser Serie sollte nach unseren Plänen derjenige werden, der das Interesse des Fernsehpublikums am meisten reizt – und welches Meerestier wäre für den Menschen faszinierender als der Hai? Er ist ein legendäres Lebewesen, das jeder kennt, auch wenn man sehr weit vom Meer entfernt lebt."[7]

Und genau das ist der Kern des Problems: ein *Tier, das alle kennen*, aber von dem wir kaum mehr wissen als von den Dinosauriern, die vor über 65 Millionen Jahren ausgestorben sind.

Woher kommt diese Vertrautheit mit einem Tier, das uns eben nicht vertraut ist? In der westlichen Welt findet man in Legenden und Märchen keine Spur von Haien. Sie erzählen eher von Wölfen, Bären, Hexen oder Drachen. Eine Ausnahme ist eine Gestalt aus der griechischen Mythologie. Lamia, die Enkelin Poseidons, wurde von Zeus in einen Hai verwandelt, damit sie sich für das Massaker an ihren Kindern rächen und die Kinder anderer Mütter verschlingen konnte.[8]

Der Realismus der ersten Naturforscher

Im Gegensatz zur Mythologie haben antike Philosophen und Naturforscher die Haie durchaus realistisch dargestellt. Bereits 343 v. Chr. hat Aristoteles in seiner *Tiergeschichte* mehrere Arten beschrieben: den Weißen Hai, den Fuchshai, den Hammerhai (*Sphyrna zygaena*), den Blauhai, den Dornhai (*Squalus acanthias*), den Katzenhai und den Hundshai (*Galeorhinus galeus*).[9]

300 Jahre später übernimmt Plinius der Ältere die Schriften von Aristoteles und ergänzt wichtige Hinweise zur Fortpflanzung einer „Art von platten Fischen, die statt des Rückgrats einen Knorpel hat … […] Während die üblichen Fische Rogen legen, bringt diese Art (die Knorpelfische), so wie das Geschlecht der Walfische, lebendige Junge."[10] Plinius beschreibt detailliert die Gefahr, die Haie für die Schwammfischer darstellen: „Diese Taucher sagen auch, daß sich eine gewisse Wolke, den platten Fischen gleich, über ihren Häuptern verdicke. […] Diese fallen den Unterleib, die Ferse und alles, was am Leib weiß ist, an. Die einzige Rettung ist, ihnen gerade entgegen zu gehen und sie von ihrer Seite zu erschrecken: dann sie erschrecken vor dem Menschen, so wie sie ihn in Schrecken setzen. In der Tiefe ist die Parthey gleich, so bald sie aber zur Fläche des Wassers kommen, ist darselbst die Gefahr verdoppelt, da, indem der Mensch sich herauszukommen bemühet, der die Mittel, dem Thiere zu begegnen verlieret, und allein bey seinen Mitgesellen Rettung findet."[11]

Jahrhundertelang kein Wort über Haie

Über mehrere Jahrhunderte hinweg gibt es keine neuen Erkenntnisse und auch nur wenige Beschreibungen von Meerestieren, insbesondere von Haien. Wissenschaftler, Philosophen und Gelehrte sind nun mal keine Seeleute. Sie sind nicht auf den Ozeanen unterwegs, wo sich „die Hölle" befinden soll.

Das überlassen sie einigen Wagemutigen, die eigentlich keine Menschen sind, nicht mehr ganz lebendig, aber auch noch nicht tot, die sich tollkühn in die Fluten stürzen, wie der skythische Philosoph Anacharsis (etwa 600 v. Chr.) schreibt, als er sich über die Eleganz des Schiffskörpers äußert, der die „Welt der Lebenden von der der Toten“ trennt.[12]

Im Mittelalter verändert sich die Sicht auf die Meere noch einmal dramatisch. Die Erde, die der griechische Philosoph und Gelehrte Anaximander von Milet bereits im 6. Jahrhundert v. Chr. als Kugel definiert hatte und deren Umfang vom griechischen Philosophen und Gelehrten Eratosthenes von Kyrene im 3. Jahrhundert v. Chr. berechnet worden war, wird wieder zur Scheibe!

Eine Scheibe, deren zentrales Festland von einem Ozean umgeben ist, an dessen Rändern man ins Jenseits stürzt.[13] In diesem Zusammenhang liegt es auf der Hand, dass die Geschichte der „Erdmenschen“ geschrieben wird, ohne dass die Haie überhaupt auftauchen, selbst nicht in der Liste der Monster.

Das ändert sich auch 1539 nicht, als der schwedische Erzbischof Olaus Magnus nach zwölf Jahren intensiver Arbeit den Wissenschaftlern der Renaissance seine *Carta marina* vorlegte, eine Landkarte Nordeuropas und komprimierte Darstellung des Wissens, das der Westen damals über die Welt der Meere hatte. Haie waren nicht mal eine Fußnote in der unglaublichen Fauna, die diese Welt bevölkerte, in der Sirenen, Meerschweine, Wale, Einhörner, Seeschlangen, Riesenkraken und andere Ungeheuer lebten.

Selbst der berühmte Naturforscher Pierre Belon führt in seiner *Histoire naturelle des estranges poissons marins*[14] aus dem Jahre 1551 diese Verschmelzung aus Realität und Legende fort. Man findet dort eine detaillierte Beschreibung des „Meeresmonsters, das wie ein Mönch aussieht", was ziemlich genau dem entspricht, was die Fischer über die Haie berichten. Adriaen Coenen zeigt 1577 in seinem wunderbaren *Buch der Wale* realistische Skizzen von Haien, die man in holländischen Häfen gesichtet hat: Dornhai, Hundshai, Hammerhai oder Gefleckte Meersau (*Oxynotus centrina*). Aber auch er legte das Schwergewicht auf die „Meeresmönche" und die Sirenen, die mit dem Pottwal und den Riesenkraken die gefährlichsten Monster des Meeres blieben.[15]

Nur Guillaume Rondelet vertrat 1554 in seinem Werk *De Piscibus Marinis* die Meinung, dass der Leviathan, der Jonah verschluckt hat, kein Wal, sondern ein gewaltiger Hai gewesen sei, ein Blauhai. „Dieser Fisch ist sehr gierig. Er verschluckt Menschen im Ganzen, wie wir aus Erfahrung wissen. In Nizza und in Marseille hat man früher Blauhaie gefangen, in deren Magen sich ein Ritter samt seiner Rüstung befunden hat …"[16] Spielt Rondelet auf die Sagengestalt Lamia an? Auf jeden Fall wird dieser Name von den Fischern im Mittelmeer bis ins 20. Jahrhundert für den Weißen Hai benutzt.

Hai und Wolf

Zur gleichen Zeit verehren die Polynesier auf der anderen Seite der Erdkugel die Haie als Götter. Diese hervorragenden Seeleute waren wochenlang mit ihren Kanus unterwegs, manchmal sogar in großen Gruppen, und dank ihrer Gabe, mithilfe des Sternenhimmels zu navigieren, legten sie große Strecken zurück. Ihre „Mutter Erde" war der Ozean. Die Mythologie dieses Volkes und seine Legenden sind von Meeresgeschöpfen bevölkert. Ihre Götter sind Pottwale, Riesenschildkröten und natürlich Haie. Es sind Schutzgötter, die die Seeleute bei ihren gefährlichen Fahrten begleiten. Kamohoalii ist der Herrscher des Pantheons der Haigötter. Er kann auch menschliche Gestalt annehmen. Seine Gehilfen sind Kane-i-kokala und Ka'ahupahau, eine Haigöttin, die als Mensch geboren wurde. Zusammen mit ihnen beschützt er die Seeleute und rettet die Schiffbrüchigen.[17]

Die Maori-Legende, die von der zum Scheitern verurteilten Liebe zwischen Kawariki, der Tochter des Zauberers Matakite, und dem Bauernsklaven Tutira handelt, der sich in einen Hai verwandelt hatte, erinnert an die Geschichte von Romeo und Julia. Aber da es sich ein Volk von Seeleuten nicht mit dem Meer verscherzen darf, geht die Geschichte dank der Meeresgöttin Hinemoana gut aus.[18]

Bei den „Festlandsbewohnern" in Europa, Asien und Afrika tauchen der Hai und andere Meeresungeheuer erwartungsgemäß nicht in Volkslegenden auf. Hier herrschen Tiger, Löwe, Schildkröte und Wolf vor. In der skandinavischen Mythologie ist der Wolf *Fenrir* der Böse, der Menschen, Ritter und selbst die Götter terrorisiert. Bei den Irokesen und den Sioux führt der Wolf dagegen als „Guter" die Seele der Krieger über die Weiten des Großen Geistes. Der Wolf ist der Vater des mongolischen Volkes, dessen Könige, Dschingis Khan an der Spitze, vom Blauen Wolf, Börte-a-Tchino, abstammen, dem Symbol des Himmels. Eine Wölfin ist sogar für die Gründung Roms verantwortlich, da sie Romulus und Remus säugte. Der Wolf ist omnipräsent, geradezu prädestiniert für außergewöhnliche Geschichten.

Die Bestie des Gévaudan

Bis zum 19. Jahrhundert gab es in Frankreich noch fast 20.000 Wölfe. Die Geschichte der „Bestie des Gévaudan" verbreitete sich deshalb in Windeseile und versetzte das ganze Land in Angst und Schrecken. Sowohl die nationale als auch die internationale Presse griff jede Attacke genüsslich auf. Zum ersten Mal spielten die Medien bei der Schöpfung eines übernatürlichen Wesens eine wichtige Rolle. Sie pflanzten die Bestie in alle Köpfe. Aus dem Volksglauben ging der Wolf direkt ins Pantheon der diabolischen Kreaturen ein.

Meerestiere spielten damals in der öffentlichen Darstellung keine große Rolle. Trotz Schilderungen schrecklicher Erfahrungen oder heldenhafter Taten der Seeleute interessierte sich die Stadt- und Landbevölkerung Europas nicht für den Hai. Erst ein Gemälde des Malers John Singleton Copley aus dem Jahr 1778 mit dem Titel *Watson und der Hai* veränderte die Situation. Auf diesem Bild sieht man einen Hai, der versucht, den jungen Brook Watson zu verschlingen. Brook Watson ist tatsächlich von einem Hai gebissen worden und wurde später Oberbürgermeister von London. Dieses Gemälde bildet jedoch eine Ausnahme in der marinen Malerei.[19]

Paradoxerweise sind es die Haie, die im 19. Jahrhundert den Fischern im Mittelmeer beibringen, wie man Thunfische fängt. Der Naturforscher Marcel de Serres berichtet folgendermaßen davon: „Wir sehen, wie die Makrelen die Sardinen fressen und die Thunfische wiederum die Makrelen. Die Thunfische werden ihrerseits von den Haien gefressen, die sie mit einer solchen Hartnäckigkeit und Inbrunst jagen, dass sie sich eher an die Küsten treiben lassen, als den grausamen Tod zwischen den scharfen Zähnen der ‚Tiger des Meeres' zu erleiden, die von unersättlicher Gier sind. Die Fischer an den Küsten des Mittelmeers machen sich das zunutze. Sind Haie in der Nähe, ist das ein günstiges Zeichen für den Thunfischfang."[20]

Die Meeresungeheuer tauchen in der Literatur auf

Durch die Erzählungen einiger großer Schriftsteller des 19. Jahrhunderts lernen auch die Bewohner der westlichen Welt die fantastische, durchaus reale Tierwelt der Ozeane kennen. Zum Beispiel den Pottwal Moby Dick, den Herman Melville als Protagonisten präsentiert, und den Riesenkraken, den Victor Hugo wie folgt beschreibt: „Der Krake hat keine Muskelpakete, keinen bedrohlichen Schrei, keinen Panzer, kein Horn, keinen Giftstachel, keine Scheren, keinen Wickelschwanz, keine scharfen Flossen, keine Krallenflügel, keine Nadeln, kein Schwert, keine elektrische Entladung, kein Gift, keine Krallen, keinen Schnabel, keine Zähne. Und doch ist der Krake unter allen Tieren das mit den schrecklichsten Waffen. Was ist also der Krake? Er ist eine Saugglocke."[21]

1869 will Jules Verne die Leser mit seinem Roman *20.000 Meilen unter dem Meer* auf ein Abenteuer mitnehmen und ihnen gleichzeitig die neuesten Erkenntnisse über Kraken präsentieren. Damit steigert er die herrschende Abscheu der Öffentlichkeit noch: „Vor meinen Augen räkelte sich ein schauderhaftes Monstrum, eine wahre Ausgeburt der Natur. Es handelte sich um einen Kalmar von gigantischen Ausmaßen, gut und gerne acht Meter lang [...], er glotzte uns aus seinen riesigen meergrünen Augen an. Seine acht Arme, oder besser gesagt seine acht Füße, die mit dem Kopf verwachsen waren und diesen Tieren die Bezeichnung Kopffüßler eingetragen haben […], krümmten sich wie die Haare der Furien."[22]

Die Statisten unter den Meeresungeheuern des 19. Jahrhunderts

Auf dem Einband der Originalausgabe von *20.000 Meilen unter dem Meer* sieht man zwei Riesenkraken, einen Wal, einen Narwal, einen Aal und zwei Taucher, aber keinen Hai. Hatte Jules Verne ihn auch aus seinem Repertoire der Meeresungeheuer verbannt? Nein, ganz im Gegenteil. Er nutzt die Anwesenheit des Naturforschers Professor Aronnax und seines Assistenten Conseil auf der *Nautilus*, um den Leser zu belehren: „[…] die Selachier mit Kiemen, die denen der Rundmäuler ähneln, aber deren Unterkiefer beweglich ist. Diese Ordnung, die bedeutendste ihrer Klasse, umfasst zwei Familien. Typische Vertreter: Rochen und Haifisch."[23] Kapitän Nemo lässt nicht zu, dass der Forscher sich seines angelesenen Wissens rühmt, und fordert ihn heraus, Haie in ihrer natürlichen Umgebung zu jagen: „Auf eine Einladung, in den Schweizer Bergen einen Bären zu erlegen, wird man vielleicht freudig antworten: ‚Sehr schön! Morgen geht's auf Bärenjagd!' Wird man gefragt, ob man im Atlas-Gebirge Löwen oder im Indischen Dschungel Tiger jagen möchte, wird die Reaktion etwa so ausfallen: ‚Ein Löwe oder ein Tiger? … Nun ja.' Soll man aber bewogen werden, dem Hai in seinem ureigensten Element nachzusetzen, dann wird man sich vielleicht doch Bedenkzeit ausbitten, bevor man der freundlichen Einladung folgt."[24]

Daraufhin verlässt Conseil, gut geschützt in einem Taucheranzug, an Nemos Seite die *Nautilus*: „Mir stockte das Blut in den Adern, als ich erkannte, dass zwei furchterregende Blauhaie mit gewaltigem Schwanz und kalten, glasartigen Augen über uns kreisten. Aus den Löchern, die um ihre Mäuler herum angeordnet waren, sonderten sie eine phosphoreszierende Substanz ab. Ihre Mäuler ähnelten riesigen Fangeisen, mit denen sie einen Menschen ohne weiteres zermalmen konnten."[25] Einige Seiten später werden sie Zeuge eines Haiangriffs auf einen Perlenfischer: „Das gefräßige Ungetüm stürzte sich mit einem gewaltigen Schlag seiner Schwanzflosse auf den Inder, der sich zur Seite warf und den Zähnen des Hais ausweichen konnte. Jedoch wurde er von dem peitschenden Schwanz an der Brust getroffen, so dass er auf den Grund hinabsank."[26]

Solche populären Heldengeschichten begeistern die Leser, verursachen aber keine reale Angst. Die dramatischen Schilderungen und homerischen Zweikämpfe festigen nur den Ruf der Helden, wie Nemo auf seiner *Nautilus* oder der unbarmherzigen Kontrahenten Ahab und Moby Dick, Gilliatt und der Riesenkrake, ähnlich wie in der Antike Herkules die vielköpfige Hydra besiegte, Theseus den Minotaurus und der Heilige Georg den Drachen niederstreckte. Halbgötter wie sie sind den Menschen nicht nahe genug, um sich mit ihnen zu identifizieren. Die Angriffe der „Bestie des Gévaudan" im Frankreich des 18. Jahrhunderts dagegen hat die Gemüter nachhaltig elektrisiert, weil sie Menschen wie du und ich attackierte und jeder ein Opfer hätte werden können. Aber die Zeit, in der Meeresungeheuer die Rolle des Wolfs übernehmen konnten, war noch nicht reif.

Der Nachfolger des Wolfs

Zu Beginn des 20. Jahrhunderts werden Wälder und Moore von Menschenhand umgestaltet, die wilden Tiere werden aus den kultivierten Gebieten verdrängt und bedrohen die Menschen nicht mehr. Wölfe, Bären, Tiger werden gejagt und nahezu ausgerottet. Die Landungeheuer machen keine Angst mehr, selbst die Kinder glauben nicht mehr an sie … Jetzt braucht man Ersatz, wahrhafte Monster, die eine wirkliche Bedrohung für den Menschen darstellen.

Die Sensationspresse veröffentlicht auf ihren Titelseiten immer wieder Bilder von Abenteurern auf dem Meer oder von Sträflingen, die, auf Holzflößen zusammengepfercht, den Angriffen von Haien ausgesetzt sind. Aber ihr Schicksal interessiert die Bevölkerung nicht. Um den Lesern das Blut in den Adern gefrieren zu lassen, müssen die Ungeheuer wie ein Blitz aus heiterem Himmel in ihren Alltag einbrechen.

Genau das geschieht im Juli 1916 an der Küste New Jerseys, südlich von New York. Obwohl alle wissen, dass zahlreiche Haie die Küstengewässer bevölkern, ist der Badebetrieb in vollem Gange. Tausende genießen unbeschwert das Vergnügen, sich im Kreise der Familie ins kühle Nass zu stürzen. Noch nie hatte es dramatische Vorfälle gegeben. Aber jetzt bricht das Unglück über sie herein: Innerhalb weniger als zwei Wochen werden vier Menschen von Haien getötet und ein weiterer verstümmelt.

Am Samstag, den 1. Juli, spielt der 23-jährige Charles Epting Vansant, der mit seiner Familie aus Philadelphia ans Meer gekommen ist, im Wasser mit seinem Hund, nur wenige Meter vom Ufer entfernt. Er wird gebissen, und die Retter kommen zu spät, um die Blutung zu stillen. Fünf Tage später wird der

Le Petit Journal Illustré, 20. Mai 1906, Sträflinge auf einem Floß, den Haien ausgesetzt

27-jährige Charles Bruder, Angestellter in einem Luxushotel, etwa 100 Meter vom Ufer entfernt angefallen. Auch er verblutet. Danach sterben der 11-jährige Lester Stillwell, der 24-jährige Watson Stanley Fisher und der 14-jährige Joseph Dunn. Plötzlich fühlt sich jedermann vom Tod, der unter der Wasseroberfläche lauert, bedroht. Menschen wie du und ich sterben: Die Vorfälle lösen in den USA eine bis dahin unbekannte Welle der Panik aus. Die Regierung organisiert Jagden, um die menschenfressenden Monsterhaie auszurotten.

Die starke Medienpräsenz verändert die öffentliche Meinung, die Haie bislang für harmlos gehalten hatte, radikal. Jetzt werden sie als Mordmaschinen gebrandmarkt. Politische Karikaturisten nutzen den Hai als Symbol für Grausamkeit und Perversion.[27]

Endgültig besiegelt wurde die Verknüpfung des Hais mit dem Bösen schlechthin 30 Jahre später, mit dem Schiffbruch der *USS Indianapolis*. Am 30. Juli 1945 wurde der Kreuzer der amerikanischen Kriegsmarine von einem japanischen U-Boot torpediert. Das Schiff sank binnen zwölf Minuten und riss viele der 1197 Männer starken Besatzung in die Tiefe. Die Überlebenden schwammen vier Tage und vier Nächte im Wasser. Nur 300 konnten sich retten. Obwohl ihre Berichte die Haie in Schutz nahmen, die nur etwa 50 bereits erfrorene oder an Unterkühlung gestorbene Seeleute gefressen hatten, ließen die öffentlichen Verlautbarungen der Marine und die Presse keinen Zweifel an den Schuldigen: Es waren die Haie! Ja, die Haie waren beinahe ebenso schrecklich wie der Schiffbruch selbst. Der japanische Angriff und das Grauen des Pazifikkriegs rückten in den Hintergrund.

Von nun an war der Siegeszug der Haie an die Spitze der Monsterrangliste nicht mehr aufzuhalten. Keine Meeresexpedition, kein Hochseeabenteuer, in dem der Held nicht mit Haien kämpfen muss. Selbst Tim zeigt sich auf dem Umschlag des Comics *Der Schatz Rackhams des Roten* in einem U-Boot in Form eines Hais.[28]

Im Jahr 1952 betritt der Hai mit *Der alte Mann und das Meer* des Literaturnobelpreisträgers Ernest Hemingway den Olymp der Literatur. Der epische Kampf des alten Mannes gegen den riesigen Marlin und sein verzweifeltes Ringen gegen die blutrünstigen Haie trifft es genau: „Der Hai kam achtern angeschossen und stieß den Fisch an, und der alte Mann sah sein Maul aufgehen und seine seltsamen Augen und hörte das Knacken, mit dem er seine Zähne in das Fleisch oberhalb der Schwanzflosse hieb. Der Kopf des Hais war aus dem Wasser, und sein Rücken kam nach […] Es gab nur den spitzen schweren blauen Kopf und die großen Augen und das knackende, drängende, alles verschlingende Maul […].[29]

Haie überall

Die Angst vor den Haien hat drei Hauptursachen: die Entdeckung des Meeresgrundes, das Verschwinden wilder Landtiere und die weltweite Verbreitung durch die Medien.

1956 führte der riesige Erfolg des Films *Die schweigende Welt*, der die Goldene Palme von Cannes und den Oscar gewann, die Zuschauer ins Herz der unbekannten Welt der Ozeane. Die noch heute schockierende Szene, in der Haie abgeschlachtet werden, sorgte damals bei Millionen, die das menschenfressende Ungeheuer gerade mit angstvollem Schaudern, aber auch unterschwelligem Vergnügen kennengelernt hatten, für klammheimliches Wohlbehagen. Der Hai ersetzte den Wolf und andere wilde Tiere, die der Mensch ausgerottet hatte.

Das Publikum entdeckte plötzlich eine ganz neue Welt. Cousteau wird sagen: „Die Amerikaner fliegen zum Mond, aber ich erobere das Meer." Die *Calypso* durchquert die Ozeane. Die Zahl der Tauchgänge steigt, ebenso wie die Begegnungen mit Haien. Und die Haie geraten zum allerersten Mal ins Blickfeld einer weltweiten Öffentlichkeit. Cousteau, die *Calypso* und die Haie profitieren vom Siegeszug des Fernsehens, das in jedes Haus einzieht und konkurrenzlos die Welt erobert. Jede Folge von Cousteaus Sendereihe „Geheimnisse des Meeres" wird von einem Millionenpublikum verfolgt. Die Haie, bewundert, gefürchtet oder verachtet, werden zu Stars. Sie tauchen sogar in den Regalen für Strandspielzeuge auf.

JUILLET 1958

Rédaction :
12, Bd Général-de-Gaulle
Téléphone : 27-61 - 27-62

VALENCE

Avec un requin bleu dans les bras...

ET voici l'image la plus touchante et la plus charmante que nous ayons trouvée hier pour illustrer la saison des départs en vacances. François, à la devanture d'un marchand de jouets de la place de la République, avait jeté son dévolu sur un amusant requin bleu en pneumatique, bien plus grand que lui ! Il le pressait amoureusement contre lui en rêvant aux prochaines baignades... Et il eut un clin d'œil vers sa maman, comme pour lui dire : c'est vraiment ce compagnon de jeu que je désire pour aller à la mer...

(Photo André Deval.)

Le Dauphiné libéré, 18. Juli 1958. Der Autor mit einem Blauhai im Arm

Ich erinnere mich noch heute an den wunderbaren aufblasbaren Hai, den mir meine Mutter im Sommer 1958 für unseren Urlaub am Meer gekauft hatte. Er war viel größer als ich, was André Deval, den Fotografen des *Dauphiné Libéré*, inspirierte, ein Bild von mir zu machen und unter dem Titel „Mit einem Blauhai im Arm …" zu veröffentlichen.

Die allgegenwärtige mediale Präsenz erhöht den Druck noch. Als die *Calypso* 1967 aufbricht, um *den* Film über Haie zu drehen, fürchten sich selbst erfahrene Taucher vor einem Zusammentreffen: „Am Vorabend der Abfahrt […] können sich meine Gedanken nicht von diesem Fabelwesen lösen, diesem Furcht einflößenden Menschenfresser, diesem rätselhaften Ungeheuer von metallisch grauer Schönheit, dessen Attacken unabwendbar sind: der Hai. Kein anderer Meeresbewohner […] hat mir jemals eine so irrationale Angst eingeflößt wie der Hai", schreibt Philippe Cousteau in sein Tagebuch.[30]

Und der Hai wird zum „Weißen Hai"

Schließlich setzen drei Bestseller dem Ganzen die Krone auf. 1972 wird der Dokumentarfilm *Blaues Wasser, weißer Tod* von James Lipscomb und Peter Gimbel in Frankreich von der Kritik begeistert aufgenommen: „Zweimal 15 Minuten faszinierende Bilder: Taucher inmitten von hungrigen Haien, der Angriff eines gewaltigen Weißen Hais (*Carcharodon carcharias*), zehn Meter lang, drei Tonnen schwer, auf einen Aluminiumkäfig, in dem sich ein Mensch befindet. Diesen Dokumentarfilm zu machen, erforderte sicher viel Mut und Kaltblütigkeit. Er ist ganz den ‚Killern des Meeres' gewidmet."[31] Bemerkenswert ist hier die Übertreibung schon im

Kommentar: Kein Weißer Hai erreicht jemals eine solche Größe.

1974 kam Peter Benchleys Roman *Der weiße Hai* auf den Markt, der sich neun Millionen Mal verkaufte. Im Folgejahr erschien Steven Spielbergs gleichnamiger Film: Er hielt sich 44 Wochen auf Platz eins der Zuschauerzahlen in den USA und war einer der finanziell erfolgreichsten Filme aller Zeiten.

Eine tausendmal wiederholte Unwahrheit wird zur Wahrheit, zehntausendmal wiederholt wird sie zu einem Paradigma, das auch Wissenschaftler nicht mehr in Zweifel ziehen.

Als wir 2006 für den Film *Unsere Ozeane* eine Szene drehen wollten, die zeigen sollte, dass ein Taucher friedlich neben einem Weißen Hai herschwimmen kann, wehrten sich amerikanische Wissenschaftler vehement dagegen, ohne Käfig zu drehen. Es gab keinerlei fundierte Beweise für ihre Bedenken, die sich einzig und allein auf Vorurteile stützten. Wir dagegen hatten praktische Erfahrungen mit Weißen Haien von unseren Tauchgängen ohne Käfig, die wir im Juli 2000 in Südafrika unter Leitung von Andre Hartman durchgeführt hatten.[32] Aber die Gerüchte waren stärker als die Fakten: Der Weiße Hai war eine Tötungsmaschine. Was man gerade noch verantworten konnte, war, ihn durch die Gitterstäbe eines Käfigs zu betrachten. Nur einige wenige auf Haie spezialisierte Wissenschaftler und Taucher wie Éric Clua stimmten uns zu: Wenn man Haie erforschen will, muss man mit ihnen tauchen.

Noch heute betrachten behavioristische Wissenschaftler vor allem wechselwarme Tiere wie Fische und Reptilien als Automaten, die auf standardisierte Weise auf entsprechende Stimuli reagieren, um ihre Bedürfnisse zu befriedigen: sich ernähren, Fressfeinde abwehren und sich fortpflanzen.[33]

Nemo, Große Haie – Kleine Fische: die „Disneylandisierung" der Welt

Im Gegensatz zur „Automatentier"-Theorie stehen die „vermenschlichten Haie" aus Animationsfilmen wie *Findet Nemo*[34] oder *Große Haie – Kleine Fische*[35]. Dort sind Haie freundlich und gefühlvoll, haben Mitleid und kennen alle Probleme amerikanischer Kinder. Das ist ebenso lächerlich wie das Konzept des machiavellistischen Hais aus *Der Weiße Hai* oder *Deep Blue Sea*[36]. Die Vermenschlichung der Haie ist verwirrend. Obwohl sie den Eindruck erweckt, den Ruf der Haie rehabilitieren und das Bild kaltblütiger Mörder auslöschen zu wollen, verstärkt sie im Grunde das Missverständnis und erweitert die Kluft zwischen der Realität – dem Leben wilder Tiere – und den Vorstellungen naturferner Städter. Schlimmer noch ist die Tatsache, dass der Versuch, dem Ganzen einen umweltfreundlichen Anstrich zu geben, das Publikum glauben lässt, der Film habe einen pädagogischen Nutzen und könne Kindern, die fern der Meere aufwachsen, ein realistisches Bild der dort lebenden Tiere vermitteln. Auch Vergnügungsparks à la Disneyland werben mit der Botschaft, Kinder könnten dort in die „lebensechte" Natur eintauchen; in Themenparks wie Marineland werden mit Bällen spielende Orcas und Delfine gezeigt. Solche Bilder befördern außerdem die Vorstellung, die Erhaltung gefährdeter Arten sei nach dem „Arche-Noah-Prinzip" auch außerhalb ihres ursprünglichen Lebensraums in einer sicheren und allen zugänglichen Umgebung möglich.[37] Doch keine Spezies definiert sich allein durch ihre Morphologie, ihr „Äußeres"; es sind gerade die Beziehungen zu anderen Arten und dem gemeinsamen Umfeld, die ein Lebewesen ausmachen.

Die Darstellungen begründen ferner den Archetypus einer „dekorativen Natur", die von Tieren bevölkert wird, die uns Menschen Vergnügen bereiten. In diesen Kontext gehört Lenny, der vegetarisch lebende Weiße Hai aus *Große Haie – Kleine Fische*, genauso wie der Teddybär, der vergessen lässt, dass der *Ursus arctos* und wir Menschen früher einmal den gleichen Lebensraum geteilt haben.

Der virtuelle Hai und sein Schöpfer

Der Weiße Hai ist Dr. Jekyll und Mr. Hyde. In manchen Zeichentrickfilmen ist er Veganer, in den mehr als 20 Remakes von *Der Weiße Hai* bleibt er der machiavellistische Mörder. Dieser spezielle Hai steht für alle aktuell bekannten 536 Arten und beherrscht unsere Fantasie. Warum uns also mit den anderen beschäftigen, denen aus der zweiten Reihe, die in unserer nutzungsorientierten Vorstellung der Welt viel weniger Platz einnehmen als der Weiße Hai aus dem Kino? Dieser Vorzeigehai passt perfekt zum Konzept der „Funktionalisierung des Lebens", das die Leistungen der Lebewesen erhalten will, nicht aber das Lebewesen als solches – auch auf die Gefahr hin, die Diversität der Arten zu opfern, sollten sie „redundant" sein. Dabei wird vergessen, dass die Natur und ihre Widerstandsfähigkeit auf diese Redundanz und die große Diversität angewiesen sind, die durch die natürliche Diversifikation (die man irrtümlicherweise „natürliche Auslese" nennt[38]) im Laufe der Zeit entstanden sind.

Schließlich fühlen wir uns durch diese ikonische Vereinfachung in unserer herablassenden Haltung als „große Krisenmanager der Natur" bestätigt, die durch Noah symbolisiert wird, den Urvater des Dualismus zwischen Kultur und Natur, in dem sich der Mensch als Weltordner etabliert hat.

In einer immer virtueller werdenden Gesellschaft, in der Bilder wie ein Tsunami wirken, der die Realität einfach wegfegt, wird der Mensch zum Schöpfer. Die zehn Milliarden Klicks (ja, Sie haben richtig gelesen, zehn Milliarden) auf *Baby Shark*, einen YouTube-Videoclip für Kinder, beweisen, dass die Fähigkeit, die Realität auszublenden, ein ungeahntes Ausmaß erreicht hat.[39]

In diesem Buch hingegen wollen wir in die Diversität der 536 Haiarten eintauchen, um die faszinierende Geschichte ihrer Entwicklung im Austausch mit den anderen Lebewesen besser verstehen zu können …

Kapitel 2

Hai? Welcher Hai?

„Um mit Haien zu schwimmen, muss man nach Australien gehen, da wurde *Der Weiße Hai* gedreht!" Wie oft habe ich diesen Satz gehört, während ich die Expeditionen der *Calypso* vorbereitete.

Und endlich sind wir da! An diesem 4. November 1987 dümpelt die *Calypso* in 11°35'50" südlicher Breite und 144°2'00" östlicher Länge im Süden von Raine Island, dem größten Refugium der Grünen Meeresschildkröten (*Chelonia mydas*). Es ist Vollmond. Tausende dieser Tiere kommen aus dem Wasser und bevölkern einen kaum mehr als zwei Kilometer langen Strandstreifen, um ihre Eier im lauwarmen Sand abzulegen. Es ist Legezeit. Ein Glücksfall für die großen Haie, die am Ende des Riffs auf die Rückkehr der von den Strapazen der Nacht erschöpften Schildkrötenweibchen warten. Und ein Glücksfall für unsere Crew, die sich von den Tauchgängen im „haiverseuchten" Korallenmeer einiges erwartet.

Nahe der Wasseroberfläche erkennen wir in der Ferne die Silhouette eines Tigerhais (*Galeocerdo cuvier*), der auf einen Festschmaus wartet. Aber als wir näher kommen, verschwindet er. Bei unserem Tauchgang sind wir inmitten der in alle Richtungen schwimmenden, sich schubsenden, beißenden und begattenden Schildkröten. Aber ein Hai ist weit und breit nicht in Sicht. Als wir unverrichteter Dinge wieder auftauchen wollen, bemerke ich ganz hinten zwischen zwei riesigen Porites-Korallen-Kolonien (*Porites lutea*) eine merkwürdige

Kreatur. Schlangenförmig, braun, mit schwarzen Flecken, kaum einen Meter lang, geht sie auf ihren Flossen! Genau, sie geht auf vier Flossen, setzt eine Flosse vor die andere, vergleichbar mit einer Eidechse; statt Beinen nutzt sie Brust- und Beckenflossen. Ich atme langsam aus und lasse mich in Richtung des rätselhaften Tiers treiben. Es lässt sich nicht stören, bewegt sich weiter reptilienhaft fort, bis es schließlich meine Maske berührt! Es handelt sich um einen kleinen Hai, der sich von Krabben und Würmern ernährt, ein Epaulettenhai (*Hemiscyllium ocellatum*), dessen merkwürdigen Gang noch niemand zu Gesicht bekommen hatte. Genetische Forschungen werden 30 Jahre später herausfinden, dass dieser Hai, genau wie sein naher Verwandter, der Kleine Rochen (*Leucoraja erinacea*), ein Gen besitzt, in dem die Prädisposition für diese Fortbewegungsart angelegt ist … ein Gen, das es bereits vor 420 Millionen Jahren bei einem seiner Vorfahren gegeben hat.[1]

Durch dieses Erlebnis angeregt, setzen wir die Erkundung des Riffs fort und achten nur beiläufig auf die Schildkröten und die nahenden Haie. Ich wähle eine Forschungstaktik, die man „Helikopterflug" nennt, drei Meter über dem Riff. Eine Höhe, in der ich die Aktivitäten im Wasser um mich herum beobachten kann, aber auch nahe genug am Meeresboden, um genau erkennen zu können, was sich dort versteckt. Ich gleite über einen Teppich aus abgerissenen Gliedmaßen der Steinkorallen, Schalen von Bauchfüßlern sowie Kalkalgen und Grünalgen. Hier wimmelt es von allen möglichen Wirbellosen, von Seeigeln und Seegurken. Aber nichts davon sticht mir ins Auge, dabei weiß ich, dass ich etwas Besonderes gesehen habe, ich weiß nur nicht, was. Etwas mit einer beidseitigen Symmetrie, etwas, das nicht in dieses Chaos passt. Ich winke meinen Kameraden und drehe um. Dann lasse ich meinen Blick noch mal in die Runde schweifen, ohne genau zu wissen, was ich suche. Und plötzlich sehe ich es, als sei es immer da gewesen. Zuerst die Augen und die kleinen Rückenflossen, eine nicht zu definierende Silhouette, ein abgeflachter Körper, kunterbunt marmoriert, hell und dunkel gescheckt, der mit dem Meeresboden zu verschmelzen scheint. Eine perfekte Tarnung. Schließlich der Kopf mit verästelten, algenähnlichen Hautlappen. Es ist ein Teppichhai (*Orectolobus ornatus*), der auf der Lauer liegt.

Haie in allen Formen

Nicht alle Haie haben die Dimension und das Aussehen der Bestie aus unseren Albträumen. Einige, wie der Teppichhai oder der Engelhai (*Squatina squatina*), leben am Meeresboden, und ihre Körper sind so flach, dass man sie auch als Rochen einordnen könnte …

Demgegenüber steht der Rundkopf-Geigenrochen (*Rhina ancylostoma*), auf Englisch *shark ray,* mit seinem stark gewölbten Rücken, den großen Rückenflossen und einer mächtigen Schwanzflosse, den man vom Aussehen her eher zu den Haien zählen würde. Und was soll man zum Schmalzahn-Säge-

Bullenhai mit seitlichen Kiemenspalten, Adlerrochen mit Kiemenspalten an der Körperunterseite: enge Verwandte mit unterschiedlicher Morphologie und Fortbewegungsweise

rochen (*Pristis pectinata*) sagen, der zu den Rochen gehört, während der Sägehai (*Pristiophorus cirratus*), der ihm aufs Haar gleicht, ein Hai ist? Forscher haben in Mexiko, in Ablagerungen der Oberen Kreidezeit, das Fossil eines planktonfressenden Adlerhais (*Aquilolamna milarcae*)[2] gefunden, der an einen Weißen Hai erinnert und dessen Brustflossen den „Flügeln" des Mantarochens (*Mobula birostris*) ähneln. Rochen und Haie sind nahe Verwandte, allein die Position der Kiemenspalten erlaubt es, sie zu unterscheiden. Sich zur Unterseite öffnende Kiemenspalten: Rochen. Seitliche Kiemenspalten: Hai.

Rochen sind Rochen und keine abgeflachten Haie. Aber wie die Haie haben sie ein Skelett aus Knorpel und gehören zu den Knorpelfischen.

Und das unterscheidet sie definitiv von allen anderen Wirbeltieren, auch von vielen anderen Fischen (z. B. Zackenbarsch, Karpfen, Lachs), die Knochenskelette haben und zu den Knochenfischen gehören.[3] Bereits Plinius der Ältere, der sich auf die Schriften von Aristoteles stützte, unterschied zwischen Fischen mit Gräten und solchen mit Knorpel, die er unter dem griechischen Begriff *selachi* zusammenfasste: Knorpelartige oder Knorpelfische. [4] (s. Phylogenetik der Wirbeltiere auf Seite 50).

Ein weiteres morphologisches Detail unterscheidet Haie und Rochen von den anderen Fischen: der Hohlraum, in dem sich ihre Kiemen befinden. Er wird bei allen anderen Fischen von einem Kiemendeckel verschlossen, während sich an dieser Stelle bei den meisten Haien fünf Kiemenspalten öffnen – manche haben aber auch sechs oder sieben Spalten. Nach diesen Unterschieden werden die aktuell existierenden Familien der Haie eingeteilt (s. Ordnung der Haie, Schema auf S. 75).

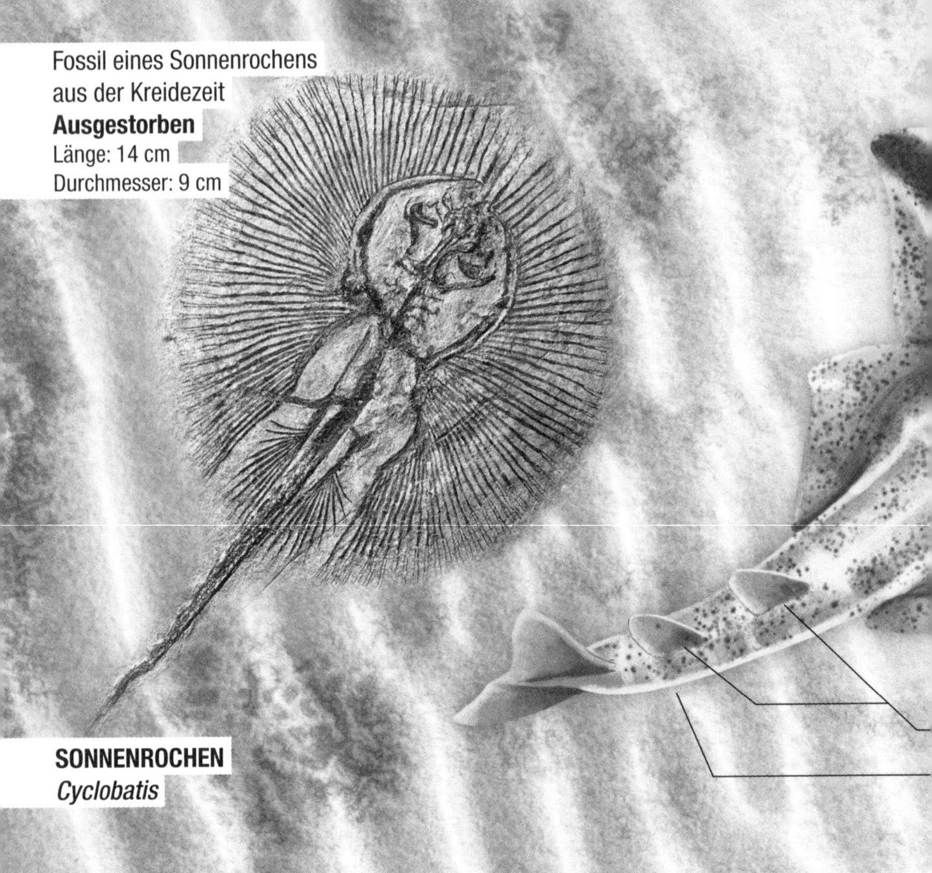

SONNENROCHEN
Cyclobatis

Rochen und Haie haben ein weiteres gemeinsames Charakteristikum, das sie von den Fischen unterscheidet: ihre Haut. Sie ist nicht mit Schuppen besetzt, sondern mit Millionen von mikroskopisch kleinen Zähnen, die aus Mark und schützendem Zahnbein bestehen, das von Schmelz umhüllt wird. Diese mit Zähnchen bewehrte Haut, die sich immer wieder erneuert, ist so robust und rau, dass man sie früher als Schmirgelpapier für die Elfenbeinschnitzerei verwendete. Gegerbt wurde sie unter dem Namen „Haifischleder" an Täschner verkauft.

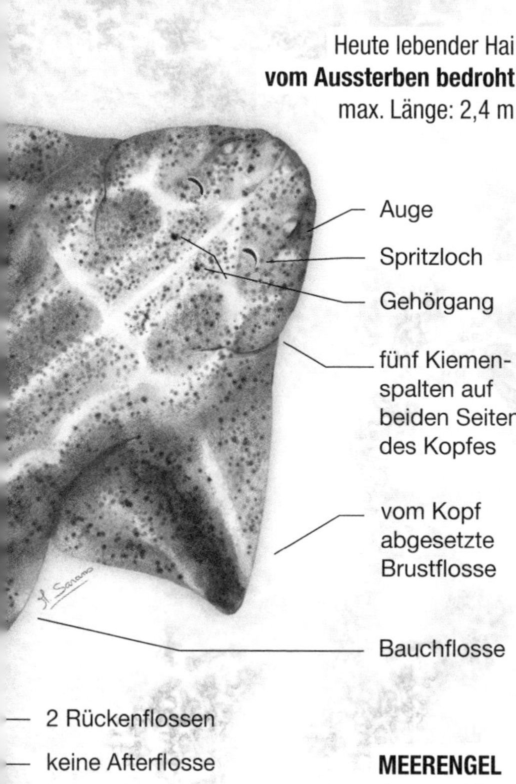

Fossil eines Sonnenrochens (*Cyclobatis sp.*), seit dem Ende der Kreidezeit ausgestorben, und ein Meerengel, ein Hai, dessen flache Form an einen Rochen erinnert. Die Art ist vom Aussterben bedroht.

Haie sind demnach keine echten Fische. Und falls man einen provokanten Vergleich anstellen möchte: Der Goldfisch ist uns Menschen näher als dem Hai … Tatsächlich sind einige Fleischflosser (*Sarcopterygii*) wie der Quastenflosser ursprünglich Landwirbeltiere gewesen, wie Amphibien, Reptilien, Säugetiere – und damit auch der Mensch. Wir Menschen sind in der Tat entfernte Verwandte der Fische!

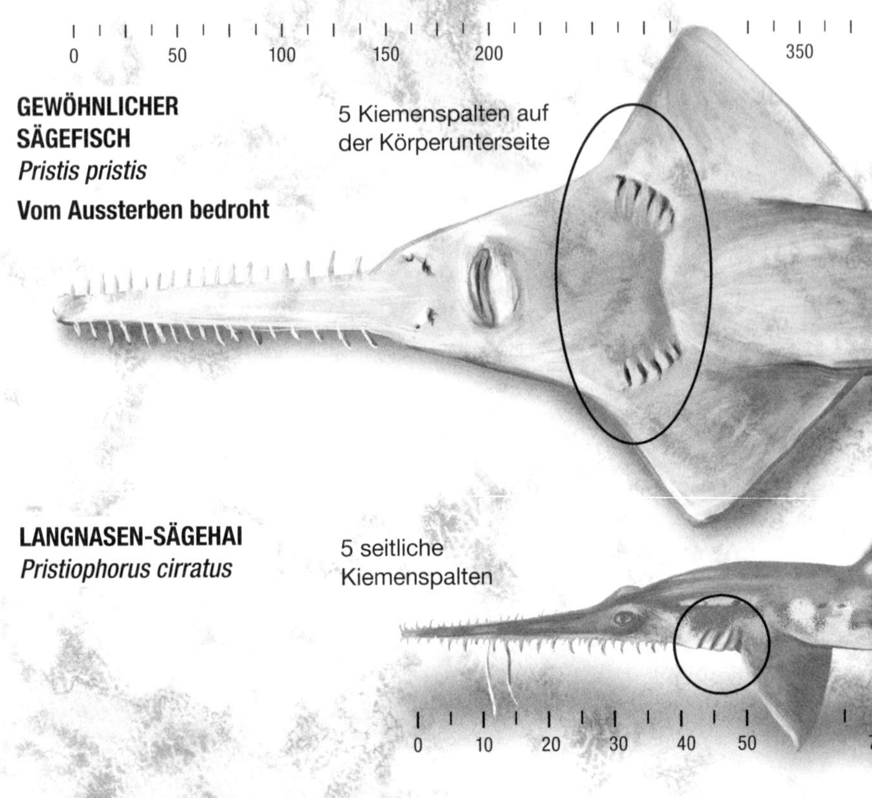

Revolutionäre Kiefer

Sind Haie und Rochen allein auf ihrem evolutionären Weg? So einfach ist es nicht, es gibt noch einen weiteren Vertreter: die Chimären. Damit ist nicht das fantastische Mischwesen mit Ziegenkörper, Löwenkopf und Drachenschwanz gemeint. Hier geht es um real existierende Lebewesen wie die Australische Pflugnasenchimäre (*Callorhinchus milii*), besser bekannt unter dem Namen *Geisterhai*.

1987 hat sich die *Calypso* in den subantarktischen Gewässern südlich von Neuseeland auf die Suche nach ihr gemacht.

Rochen: Kiemenspalten an der Körperunterseite, Hai: seitliche Kiemenspalten

Warum sollte man sich für diese Chimäre interessieren, die noch nie jemand in ihrem Lebensumfeld gesehen hatte? Weil es sich um ein Phantom aus der Vorgeschichte handelt. Ihr Genom verändert sich so langsam, langsamer als bei jedem anderen bekannten Wirbeltier, dass sie uns als Einzige die Geschichte der frühesten Vorfahren der Knorpelfische erzählen kann.[5]

Der *Geisterhai* führt uns mehr als 450 Millionen Jahre zurück in eine Zeit, als noch kein Leben aus dem Urozean gekrochen war und, wie es Romain Gary ausdrückt, man sich

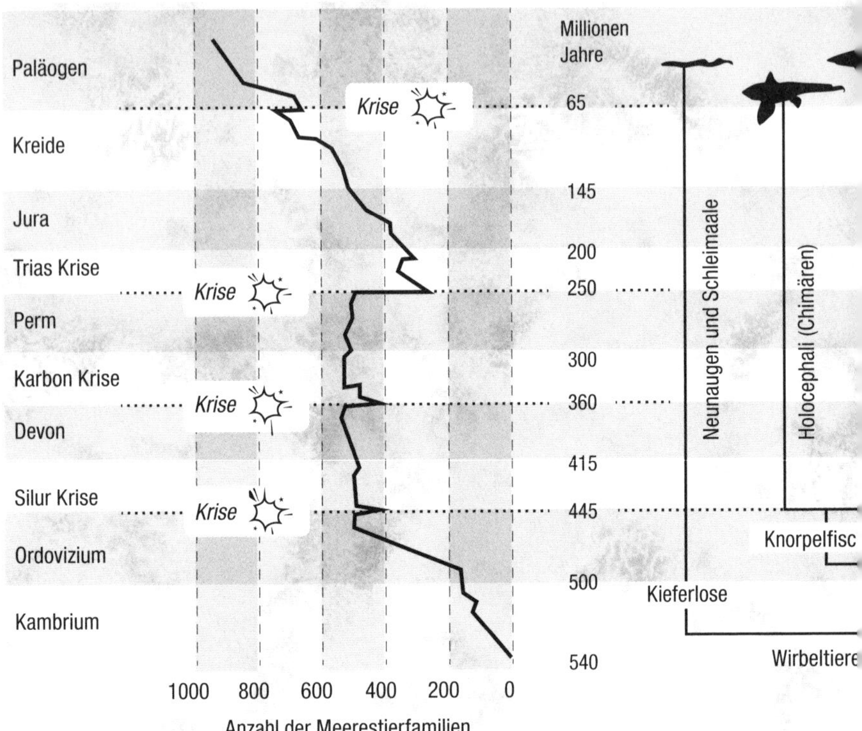

nicht mal vorstellen konnte, „auf seinen Schuppen aus dem Urschlamm zu kriechen“[6]. Es ist die Geburtsstunde der Wirbeltiere, in einer Welt, die mit der heutigen nichts gemein hat. Man stelle sich einen gigantischen Ozean vor, aus dem zwei riesige Inseln herausragen, „Gondwana“ und „Laurussia[7]“.

Einige Meeresbewohner verfügen bereits über eine Frühform des Knorpelskeletts. Aber selbst die am weitesten entwickelten haben an der Stelle des Mauls nur eine runde Öffnung, mit der sie saugen können, ähnlich wie die Schleimaale und die Neunaugen, die heute die Gruppe der Kieferlosen bilden. Damals kam es zu einer revolutionären Veränderung bei den

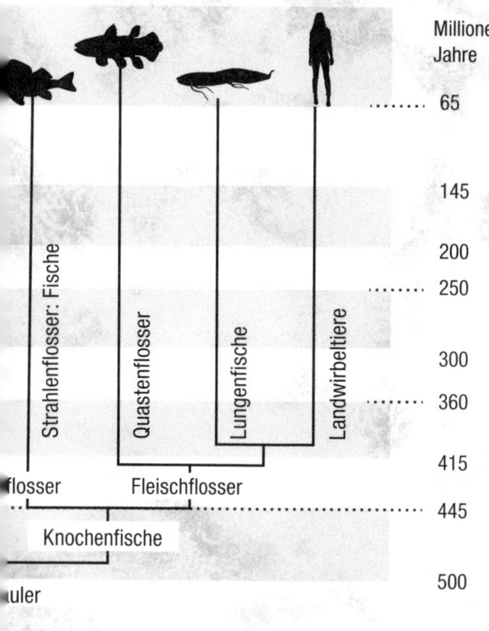

Geologische und phylogenetische Zeitskala der Wirbeltiere, die zeigt, dass Knochenfische den Menschen näherstehen als den Haien.

Meeresbewohnern: die Entwicklung des Kiefers[8]. Die Kiefermäuler tauchten auf. Darunter die ersten Knorpelfische mit Knorpelskelett, die Vorfahren der heute lebenden Haie, Rochen und Chimären. Diese Neuankömmlinge mit Kiefer bekommen auch paarige Flossen, eine Revolution in einer Welt, in der sich die Lebewesen mit einer einzigen Mittelflosse am Rücken und am Bauch fortbewegen mussten.[9]

Den Paläontologen fällt es trotzdem schwer, die ersten Kapitel dieser Geschichte zu entziffern. Die primitiven Chimären besitzen das Knorpelskelett der Knorpelfische, haben eine weiche Haut ohne Zähnchen, aber ihre Kiemenöffnungen

ENTWICKLUNG DES UROZEANS

Ozean | Kontinent | Eis

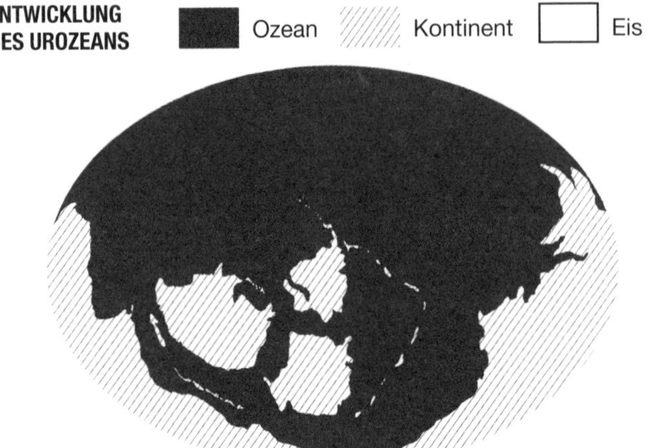

540 Millionen Jahre
› **Krise:** Präkambrium/Kambrium

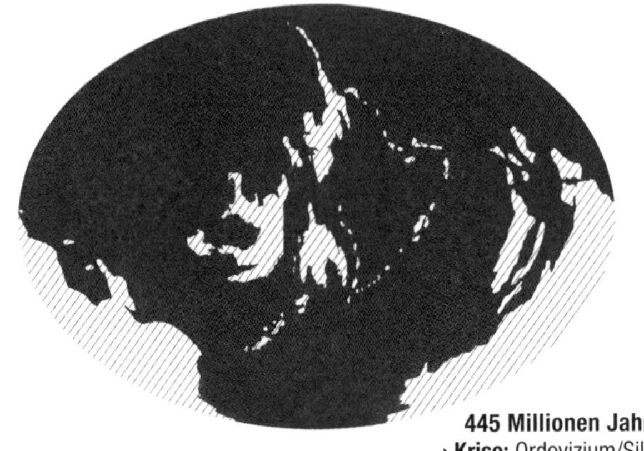

445 Millionen Jahre
› **Krise:** Ordovizium/Silur

360 Millionen Jahre
› **Krise:** Devon/Karbon

Kontinentalinseln (weiß schraffiert) während der großen geologischen Krisen, die die Entwicklung der Haie bestimmt haben

250 Millionen Jahre
› Krise: Perm/Trias

220 Millionen Jahre
Trias

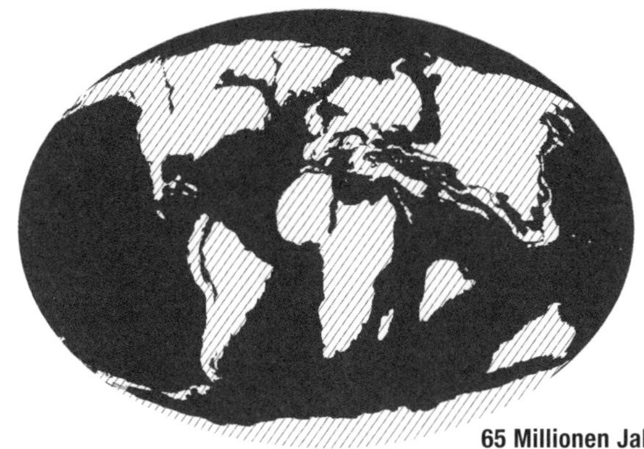

65 Millionen Jahre
› Krise: Kreide/Paläogen

sind mit einem Deckel verschlossen … wie bei den Knochenfischen! Die Evolution verläuft sicherlich nicht linear, manchmal gerät das Leben ins Stocken. Sie vergisst und erfindet neu, Mutationen entstehen, Lösungen, die es bereits Millionen von Jahren zuvor gegeben hat, tauchen wieder auf.

Einer Chimäre auf der Spur

In die Vergangenheit einzutauchen ist ein schwieriges Unterfangen. Niemand hat sich je einer Australischen Pflugnasenchimäre in ihrem natürlichen Lebensraum genähert, denn sie lebt auf dem Kontinentalabhang in mehr als 200 Meter Tiefe. Glücklicherweise kommen die Weibchen einmal im Jahr an die Küsten, um ihre seltsam geformten Eikapseln auf dem sandigen Meeresboden abzulegen, den man als Taucher erreichen kann. Genau in diesem Zeitraum war die Verwirklichung unseres Traums zum Greifen nah.

8. Januar 1987, 44°00' südliche Breite, 172°30' östliche Länge. Die *Calypso* erforscht die Bucht von Canterbury, Neuseeland. Das Meer ist an diesem Morgen ruhig, die Oberfläche glatt. Wir gehen an einer unwirtlichen Stelle ins Wasser, an die sich kein Taucher gerne wagt. Sofort packt uns die Kälte, das Wasser ist trüb und lehmig. Nicht dunkel, eher gelblich-braun. In dieser dicken Suppe verlieren wir die Orientierung. Wir schwimmen und tasten uns am schier endlosen Meeresboden entlang. Nur hin und wieder heben sich Muscheln und der gewölbte Panzer von Krebsen von der glatten Fläche ab. Die Kreaturen, über denen wir schwimmen, können wir eher erahnen als sehen, eine Flosse, ein leuchtendes Auge, ein spindelförmiger Körper. Phantome. Einige von ih-

nen sind so groß wie meine Begleiter. Wahrscheinlich sind es Blauhaie (*Prionace glauca*), die wir schon bei früheren Tauchgängen beobachten konnten. Aber wir beachten sie nicht weiter, ebenso wenig wie die riesigen Rochen (*Raja nasutus*), die plötzlich abheben, wenn wir vorbeikommen, und einen Sturm aus Schlamm aufwirbeln. Einer von ihnen legt eine etwa 20 Zentimeter lange Kapsel frei, die in der Mitte aufgewölbt ist.

Durch das transparente gelbliche Häutchen kann ich ein Auge erkennen. Ein Embryo … ein Pflugnasenchimärenfötus. Er bewegt sich! Die Spannung steigt. Die Chimären müssen ganz in der Nähe sein.

Das schemenhafte Wesen, das unmittelbar über dem Boden schwimmt, ist kein gewöhnlicher Hai. Es schwimmt noch einmal an uns vorbei. Dann steigt es langsam aus dem gelblichen Schlamm auf. Bei näherem Hinsehen wirkt es irgendwie komisch! Der Körper ähnelt dem eines Fisches, aber der Kopf wirkt wie angeklebt, wie eine Karnevalsmaske aus der Commedia dell'arte. Die leicht konische Stirn verlängert sich in eine überdimensionierte Knorpelnase, die in einem Fortsatz aus weichem Fleisch endet. Die irisierenden großen Augen haben einen erstaunten Ausdruck, die leicht faltige Haut mit Kiemendeckeln und der ventrale Mund verstärken den Maskeneffekt, der dem Tier den Ausdruck eines traurigen *Pantalone* verleiht. Die großen Brustflossen erinnern an die Ohren von Babar, dem Elefanten aus dem Zeichentrickfilm. Unsere Pflugnasenchimäre ist kaum einen Meter lang. Um sich fortzubewegen, benutzt sie nicht ihre Schwanzflosse, sondern die Brustflossen, die sich auf und ab bewegen, wie die „Flügel“ eines Adlerrochens.

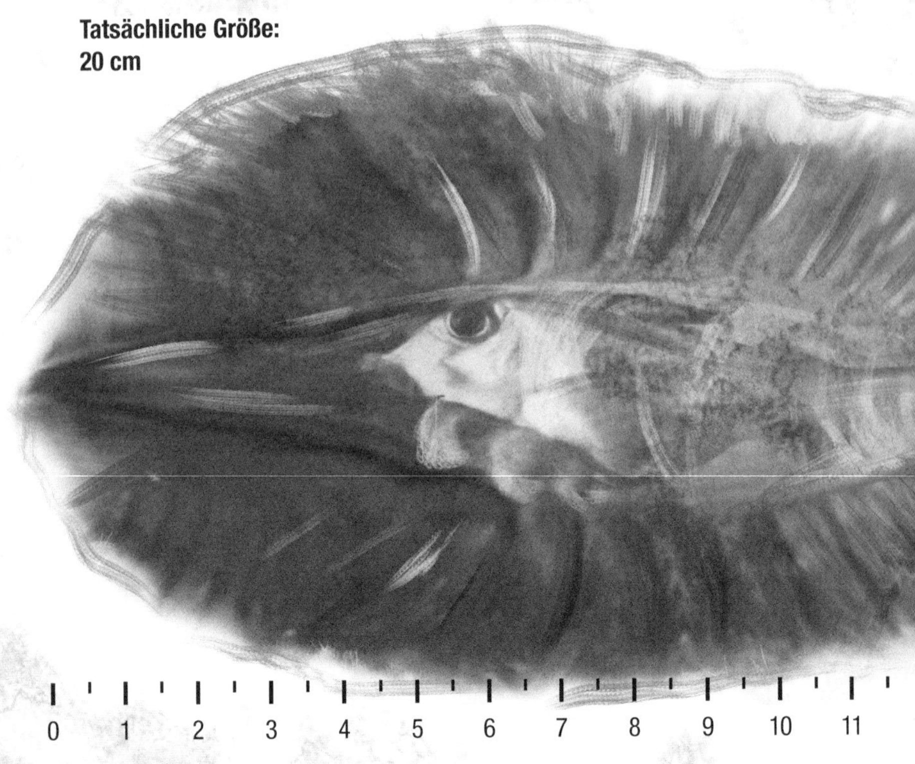

Muschelsauger

Die Pflugnasenchimäre ignoriert uns und schwimmt vorbei, dabei kommt sie uns ganz nahe. Mit der Pflugnase wühlt sie im Schlamm. Bei ihrer Suche lässt sie sich von bioelektrischen Mikrofeldern leiten, die jedes Lebewesen generiert.

Ihre Nase und ihre Wangen sind mit winzigen Poren besetzt, die sich über Rezeptoren öffnen, die sensibel auf die bioelektrischen Felder von Fischen, Würmern und Muscheln reagieren. Dieses Mal trifft es eine Teppichmuschel. In Sekundenbruchteilen ist sie ausgegraben und wird zwischen den zu-

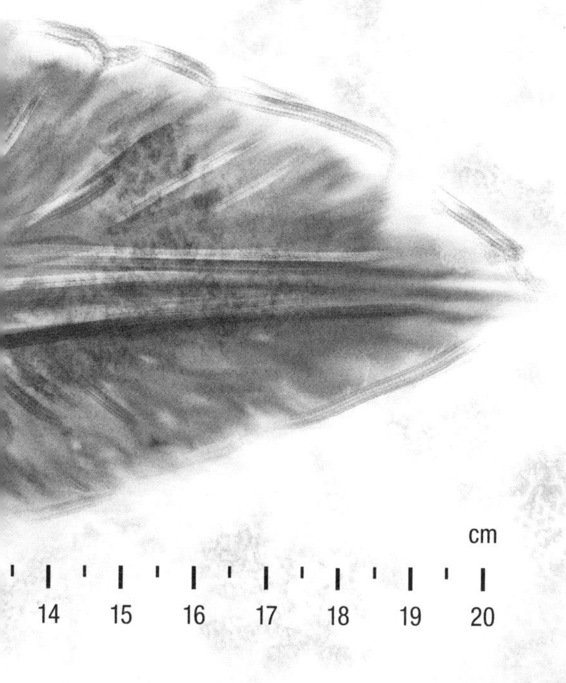

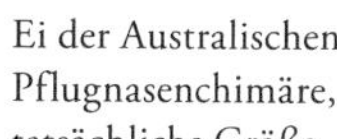
Ei der Australischen Pflugnasenchimäre, tatsächliche Größe.

sammengewachsenen Zahnplatten zermalmt. Auf diese Weise ernährten sich schon die ersten knorpelartigen Wirbeltiere. Diese harmlosen Vorfahren der „blutrünstigen Mörder des Meeres“, der gigantischen Megalodons, flößten nur Würmern und Muscheln Angst und Schrecken ein. Sie besaßen mikroskopisch kleine Zähne und saugten ihre Nahrung ein oder filterten sie aus dem Wasser.[10]

Diese primitiven Haie waren mit Sicherheit eher Beute als Jäger, aber sie hatten bereits einige Tricks auf Lager, um zu überleben. Durch das Knorpelskelett waren sie beweglich und

Erstes Zusammentreffen mit einer Pflugnasenchimäre in den Gewässern vor Timaru, an der Ostküste der Südinsel Neuseelands, im Dezember 1986

schnell, aber vor allem hatten sie einen robusten Stachel auf beiden Rückenflossen. Diese beeindruckenden Waffen sind ihnen erhalten geblieben, und bei Gefahr werden sie auch eingesetzt. Und genau das passiert jetzt. Während die Chimäre nach einer zweiten Muschel gräbt, scheint sie unsere Anwesenheit zu bemerken, richtet ihre Rückenstachel auf und verschwindet in den Weiten des Ozeans.

Der Stachel dient nicht nur der Abschreckung, er ist tödlich. Das beweist ein außergewöhnliches Fossil, 370 Millionen Jahre alt, das in Ohio (USA) entdeckt wurde und den Tod eines schrecklichen Räubers unsterblich gemacht hat: Ein Panzerfisch *Holdenius* wurde von seiner Beute getötet, einem primitiven Hai (*Ctenacanthe*), dessen Rückenstachel seinen Gaumen durchbohrte.[11]

Cladoselache, der Vorfahr des „Weißen Hais"

Diese für die Ewigkeit in Stein gebannte Rache dürfte die große Ausnahme gewesen sein. Denn im Laufe der ersten 100 Millionen Jahre ihres Daseins haben die Haie in ständiger Bedrohung durch die unerbittlichen Plattenhäuter oder Panzerfische gelebt. Diese ausgestorbene Klasse primitiver Fische[12] hatte einen mit Knochenplatten bedeckten Körper, eine Rüstung, die sie fast unbesiegbar machte. Der bekannteste unter ihnen, *Dunkleosteus,* dessen Knochenplattenkiefer wie eine riesige Beißzange aussah, war etwa sechs Meter lang.[13] Selbst der *Cladoselache* mit seinen zwei Metern Länge, den man als den nächsten verwandten Vorfahren des Hais ansieht, konnte dieser gepanzerten Kreatur nicht entfliehen.

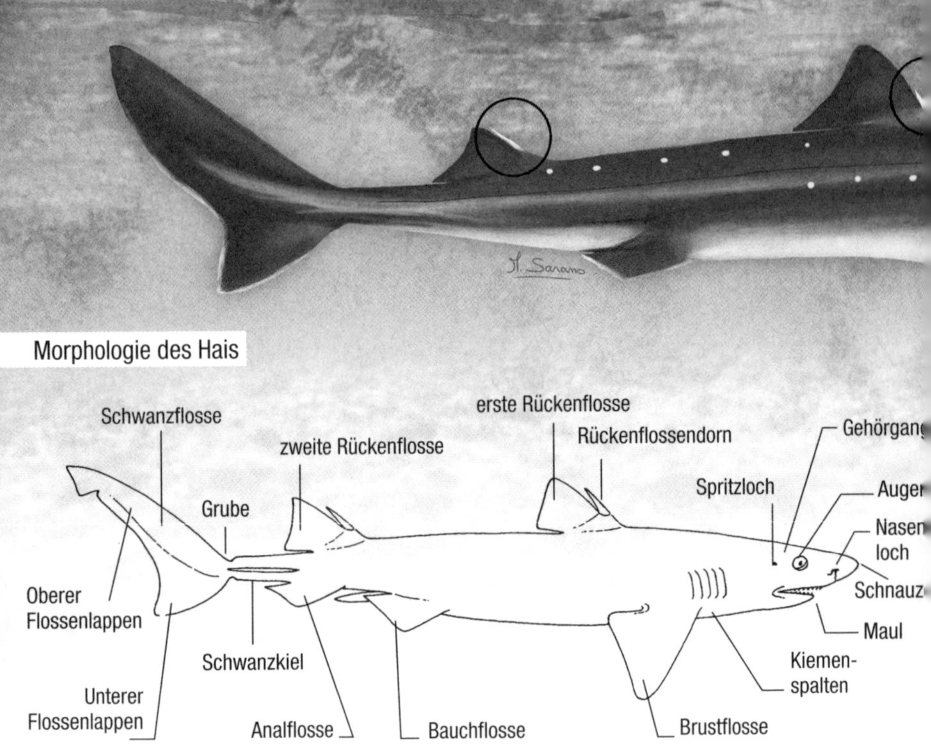

Morphologie des Hais

Cladoselache lebte vor etwa 370 Millionen Jahren im Devon. Er ähnelte in etwa einem Dornhai, was zu der immer wieder auftauchenden Vorstellung führte, die heutigen Haie seien lebende Fossilien. Doch lebende Fossilien gibt es nicht. Die Evolution geht langsam voran, aber alle Lebewesen sind ihr unterworfen. Das gilt auch für die Pflugnasenchimäre, die sich extrem langsam verändert hat, oder für den Nautilus, der noch heute wie ein Abbild seiner Vorfahren aussieht, die vor 500 Millionen Jahren gelebt haben. Auch wenn sich ihre Morphologie nicht verändert hat, ihre Physiologie ist nicht mehr die gleiche. Häufig steckt der Teufel im Detail. Was den *Cladoselache* angeht, ist es das Maul. Es öffnet sich nach vor-

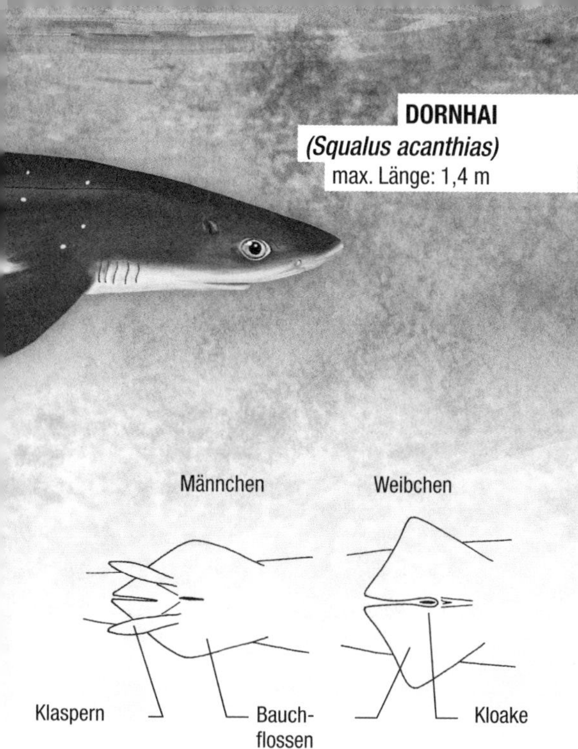

Körperbau heutiger Haie, am Beispiel des Dornhais mit zwei Rückenflossendornen

ne, während sich das Maul heutiger Haie zum Bauch hin öffnet. Die wenig beweglichen Brustflossen erlaubten es dem *Cladoselache* auch nicht, schnell die Richtung zu wechseln. Die heutigen Haie dagegen nutzen diese Flossen als Dreh- und Angelpunkt, um sich auf der Stelle zu drehen.

Weder *Cladoselache* noch die Plattenhäuter, nicht mal der Superheld *Dunkleosteus* haben die ökologische Katastrophe am Ende des Devons überlebt, durch die vor 358 Millionen Jahren 75 Prozent aller marinen Arten ausgelöscht wurden.

Der Weg ist damit frei für die Entfaltung unzähliger neuer Spezies, die den Knorpelfischen eine 100 Millionen Jahre währende Blütezeit bescherten. Ihr Tisch war reich gedeckt. Um alle Arten in den unterschiedlichen Lebensräumen zu beschreiben, bräuchte es ein eigenes Buch[14]: von einem Ökosystem wie dem Riff, wo die Vorfahren der Knorpelfische (z. B. *Belantsea montana*) zu Hause waren, bis zur Hochsee, wo der über sechs Meter lange *Edestus giganteus* herrschte. In der über 320 Millionen Jahre alten Fossillagerstätte Bear Gulch in Montana (USA) hat man die Fossilien von mehr als 113 Fischarten gefunden, eine spektakulärer als die andere.[15] Am Hinterkopf des *Stethacanthus productus* zum Beispiel erhebt sich ein pfeilähnliches Gebilde, das am oberen Rand mit Zähnen besetzt ist … ganz ähnlich wie beim *Damocles serratus*, wo dieses Gebilde wiederum einem Haken ähnelt. Paläontologen rätseln noch immer über die Funktion dieser merkwürdigen „Zahnbürsten".

Apropos Zähne! Bei unseren karnevalesken Haien befinden sich die Zähne nicht nur am inneren Rand des Mauls, sie haben zusätzlich eine Reihe messerscharfer Dreieckszähne, die von der Kehle nach außen bis zur Mittelachse des Mauls reichen. Der *Edestus* ist mit einer Zahnreihe auf dem Gaumen und einer weiteren auf dem Unterkiefer ausgestattet. Der *Helicoprion*, ein mehr als acht Meter langer Meeresgigant, hat einen Unterkiefer, auf dem spiralförmige Zähne sitzen, die einer Kreissäge ähneln.[16]

Trotz seiner „Horrorsäge" braucht heute niemand mehr Angst vor dem *Helicoprion* zu haben. Wie mehr als 90 Prozent aller Arten hat er eine der größten Naturkatastrophen der

Erdgeschichte nicht überlebt, die ihre Ursache in gewaltigen Vulkanausbrüchen im heutigen Sibirien vor 251 Millionen Jahren am Ende des Paläozoikums hatte.

Haie im Zeitalter der Dinosaurier

Aber das Leben kommt immer wieder zurück. Auf einem Planeten, dessen Geografie sich komplett verändert hat, breitet es sich wieder aus. Der weltumspannende Ozean Panthalassa umgibt den Superkontinent Pangäa, der später in die Kontinente Gondwana und Laurasia zerfallen ist (s. Karte auf S. 52–53). Aus dem Panthalassa-Meer stammen die meisten Rochen- und Haiarten, die es heute noch gibt. Im Jura, vor etwa 200 Millionen Jahren, war das Festland von Dinosauriern bevölkert; zur gleichen Zeit tauchten die *Hexanchiformes* auf, große Haie mit sechs oder sieben Kiemenspalten (statt der üblichen fünf). *Hexanchus griseus*, der Stumpfnasen-Sechskiemerhai, ist ihr direkter Nachfahre, er lebt noch heute in der Tiefsee.

Um dieses „Abbild der Vorgeschichte" in Szene zu setzen, drehen wir am 30. Juli 2011 in der Straße von Messina. Warum genau an diesem Tag? Weil gerade Neumond und die Nacht besonders dunkel ist, genau wie in den Tiefen des Meeres. Und warum gerade dort? Weil die Strömung der Gezeiten, die in der Meerenge zwischen Sizilien und dem italienischen Festland herrscht, besondere Bedingungen schafft. Bei Süd-Nord-Strömung taucht das schwere Wasser des Ionischen Meeres unter das Wasser des Tyrrhenischen Meeres, wodurch Turbulenzen entstehen. In dieser Strömung jagt der Stumpfnasen-Sechskiemerhai. Dieser Meeresgigant lässt uns

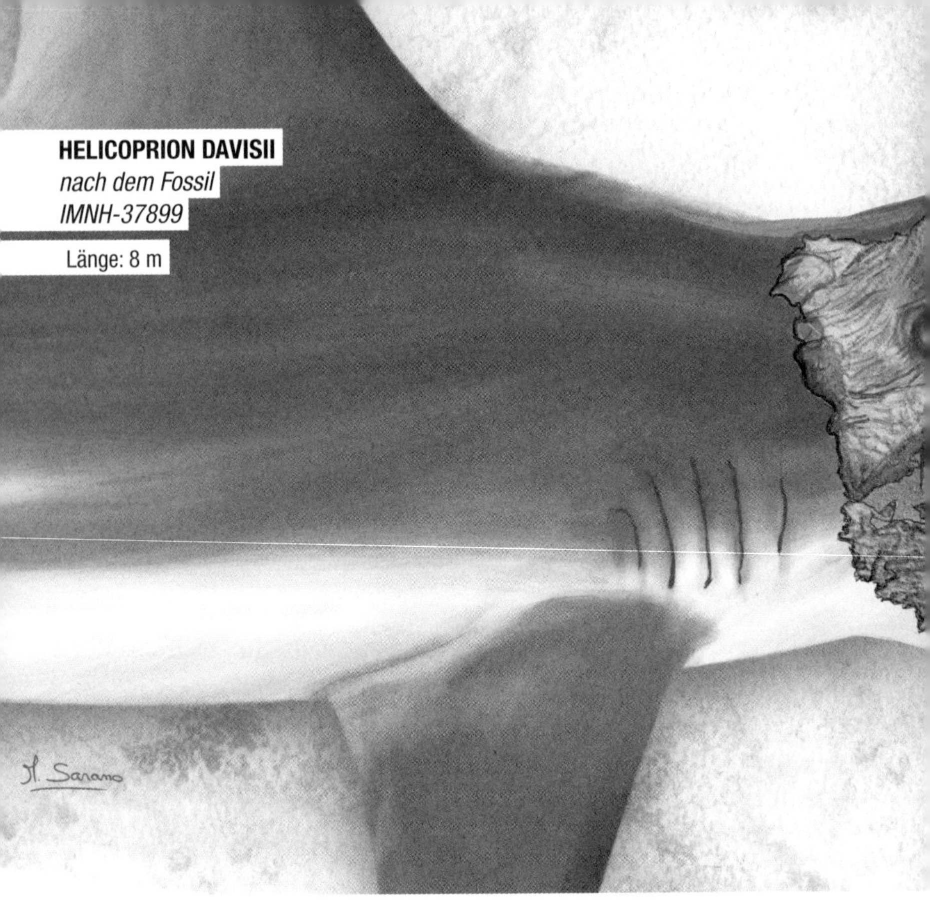

wieder ins Jura zurückkehren und nicht etwa zu Steven Spielberg!

Aber trotzdem hat die Straße von Messina etwas von einer Filmkulisse, in die man nicht ungestraft eindringen kann. Schon Homer hat diesen Ort zwischen Szylla und Charybdis besungen: „Darunter lauert Charybdis, die wasserstrudelnde Göttin. Dreimal gurgelt sie täglich aus, und schlurfet es dreimal schrecklich hinein."[18] Der Gezeitenstrom erreicht an der schmalsten Stelle der Meerenge lediglich eine Tiefe von 80 Metern. Auf diese enge Fläche gezwängt, löst die Flut mächtige

Zeichnung auf der Basis der tomografischen Analyse eines Helicoprion-Fossils (IMNH-37899 von Ramsay J. B., *et al.* 17)

Wasserwirbel aus. In der Antike versuchten die Seeleute diesen Mahlstrom zu umfahren und segelten Richtung Kalabrien, das auf der anderen Seite der Meerenge liegt. Doch dort stießen sie auf das Meerungeheuer Szylla, bei dem die Strudel noch mächtiger sind. Moderne Schiffe geraten dadurch nicht in Gefahr, doch wir Taucher sind den Launen des Meeres ausgeliefert wie schon die Segelboote der Antike. Wir haben gerade mal eine Stunde, während des Tiefstands der Ebbe, um die Meerenge nach Haien abzusuchen. Wenn sie denn da sind …

Der Reisende in der Tiefe

In dieser Nacht, in 40 Meter Tiefe, ist es in diesem maritimen „Jurassic Park“ eiskalt. Die Wassertemperatur beträgt 14 Grad Celsius, ideal für den Stumpfnasen-Sechskiemerhai. Trotz des klaren Wassers verliert sich der Lichtstrahl meiner Lampe in der schwarzen Weite. Wie ein Zauberstab lässt er aus dem Nichts mal einen Nagelrochen (*Raja clavata*), mal einen Seehasen (*Aplysia punctata*) auftauchen, die sofort wieder im Dunkel verschwinden. Selten wurde mir die These „Was man nicht sieht, existiert auch nicht“ so treffend verdeutlicht. In diesem mir wohlbekannten Mittelmeer scheint plötzlich alles neu und anders zu sein. Auf jeden Fall die Tiefseequalle *Solmissus* mit ihren tödlichen Tentakeln, die durch die Strömung an meiner Maske klebt. Normalerweise lebt sie in größeren Tiefen. Ihre Präsenz bestätigt die Tatsache, dass Spaziergänger am Strand von Messina bisweilen Beilfische (*Argyropelecus aculeatus*), Viperfische (*Chauliodus sp.*) und eine Reihe anderer Kreaturen finden, die genau wie sie aus der Tiefsee kommen. Die Qualle kündigt die Ankunft des Hais an. Aber zu spät, die Stunde ist vorbei. Die Strömung steigt mit einer unglaublichen Wucht, fast vier Seemeilen (eine Seemeile entspricht 1,85 Kilometer) pro Stunde! Ein Tornado unter Wasser. Ich werde hin- und hergeworfen, unsere Tauchergruppe wird durcheinandergewirbelt; dass wir uns alle retten können, kommt einem Wunder gleich. Die Nachfahren der Kreaturen aus dem Jura sind nicht so leicht aufzuspüren.

In der folgenden Nacht lassen wir uns nicht mehr überraschen. Bevor der Unterwassersturm losbricht, sehen wir ihn vor uns: einen riesigen quadratischen Kopf, gefolgt von beeindruckenden Brustflossen, die genau hinter den sechs Kiemenspalten sitzen. Diese Kiemenspalten und sein runder Rücken, ohne die große Rückenflosse, die für viele Haiarten typisch ist, charakterisieren seine urzeitlichen Wurzeln. Sein smaragdgrün strahlendes rundes Auge sitzt am Ende des Schädels und mustert uns: Ein „Alien“ begegnet „Aliens“. Gegenseitiges Beschnuppern? Von der Größe abgesehen, ist unser Stumpfnasen-Sechskiemerhai die Kopie des *Notidanoides*, der vor 196 Millionen Jahren[19] in der Jurazeit gelebt hat.

Vom Stumpfnasen-Sechskiemerhai, der manchmal von U-Booten auf Tauchfahrten gesichtet wurde, weiß man wenig. Man weiß auch nicht, wo und wann er sich fortpflanzt. Aber in dieser Neumondnacht haben wir das außergewöhnliche Glück, ein Jungtier von kaum zwei Metern Länge zu sehen … auf dem die Hoffnung ruht, die lange Reihe der *Hexanchiformes*-Haie fortzusetzen.[20]

Prähistorische Haie in der Tiefsee?

Wie lässt sich erklären, dass dieser moderne Hai seinen Urahnen so ähnlich sieht? Die wahrscheinlichste Hypothese ist, dass die Wasserschichten in der Tiefe von den großen Klimaveränderungen, die das Massensterben der Arten an der Oberfläche verursacht haben, verschont geblieben sind. Die Tiefsee ist ein sicheres Refugium, deshalb finden sich dort außer dem Sechskiemerhai noch weitere altertümliche Haiarten wie der Kragen- oder Schlangenhai (*Chlamydoselachus anguineus*), der ebenfalls sechs Kiemenspalten besitzt, oder der Riesenmaulhai (*Megachasma pelagios*), ein gewaltiges Tier, das sich von Plankton ernährt und erst 1976 entdeckt wurde.[21]

In der Tiefsee leben aber nicht nur urtümliche Haie. 1987 fand der Krebstierforscher Bertrand Richer de Forges auf offener See vor Neukaledonien, am Rand des früheren Riesenkontinents Gondwana, in 470 Metern Tiefe ein Feld von lebenden Seelilien (*Gymnocrinus richeri*), die man seit mindestens 66 Millionen Jahren für ausgestorben gehalten hatte.[22] Auch der Nautilus hat hier überlebt, dessen Morphologie seit 500 Millionen Jahren unverändert geblieben ist. Und in einem benachbarten Gebiet, in der Nähe der Chesterfield-Inseln, befindet sich in 650 Metern Tiefe die größte bekannte Fundstelle von Zähnen des Megalodon (*Otodus megalodon*).[23]

Zahnfossil des *Otodus megalodon*, Zeichnung in Originalgröße. Der Zahn ist etwa so groß wie der Zwerg-Laternenhai, s. Abbildung auf S. 72/73, und passt nicht ganz auf die Seite.

Megalodon, der Tyrannosaurus des Ozeans

Mehr braucht es nicht, um einen Kryptozoologen zu begeistern. Es gibt tatsächlich einen Hai, um den sich ähnliche Legenden ranken wie um die Dinosaurier: den Megalodon. 16 Meter lang, 15 Tonnen schwer, ein Maul, in dem ein Mensch aufrecht stehen könnte, 17 Zentimeter lange Zähne.[24] Das perfekte Monster, der größte Meeresräuber aller Zeiten, der Tyrannosaurus Rex der Fische!

Wie der T. Rex bei den Säugetieren war der Megalodon wahrscheinlich ein Warmblüter, oder er hielt seine Körper-

temperatur zumindest höher als die Wassertemperatur des Ozeans. Dieses Quasi-Warmblüterdasein fördert chemische Reaktionen und damit den Stoffwechsel. So verleiht es dem Räuber Schnelligkeit und Ausdauer, deutliche Vorteile gegenüber den „kaltblütigen" Fischen, deren Temperatur der des Wassers entspricht, in dem sie schwimmen. Die höhere Körpertemperatur zu halten kostet Energie, das Tier braucht sehr viel Nahrung. Der Megalodon fraß Wale, ja sogar Pottwale, wie ein Fossil beweist, das man in der Lee-Creek-Mine in den USA[25] gefunden hat. Das war wahrscheinlich der Grund für sein Aussterben vor

Das Auge eines Walhais in seiner tatsächlichen Größe

2,5 Millionen Jahren. Als der Megalodon im Mittleren Eozän, vor etwa 23 Millionen Jahren, die Bildfläche betrat, herrschte der Urzeit-Hai über ein warmes Reich, in dem er genug Beute fand, um sein ungeheures Nahrungsbedürfnis zu befriedigen. Doch als sich die Landbrücke von Panama schloss und den Atlantik vom Pazifik trennte, führte das zu einer massiven Veränderung der Strömungsverhältnisse und einer globalen Abkühlung der Ozeane (s. auch Kapitel 7). Der Megalodon war gezwungen, in den tropischen Breiten zu bleiben, wo sein Tisch nicht mehr so reich gedeckt war … Dieses einschneidende

ZWERG-LATERNENHAI
Etmopterus perryi

Tatsächliche Größe: 18 cm

Naturereignis und die Konkurrenz kleinerer und weniger anspruchsvoller Haiarten kündigten das Ende des Giganten und das Aufkommen des Weißen Hais (*Carcharodon carcharias*) an.[26]

Moderne Monsterfische

Ob es den Kryptozoologen gefällt oder nicht: Dass der Megalodon in den kalten Tiefen des Meeres überlebt haben soll, mutet utopisch an. Aber trotzdem gibt es auch heute noch Riesenhaie im Ozean.

Ich erinnere mich an eine bestimmt einen Meter hohe Rückenflosse, die über der Wasseroberfläche auftauchte und die Wellen durchschnitt wie ein Pflug die Erdschollen. Es war am

8. Juli 1981 auf offener See, vor den Aran-Inseln im Westen Irlands. Ich war an Bord des Fischerboots *Petruschka* und wollte Proben für meine Doktorarbeit in Ozeanografie sammeln. Vor der Rückenflosse befand sich ein weißer „Bugsporn", etwa sechs Meter dahinter eine etwas kleinere Flosse, die nach rechts und nach links schlug, als ob sie sich selbst überholen wollte. Das seltsame Gebilde kam langsam, aber stetig auf uns zu. Selbst die Besatzung der *Petruschka*, die auf hoher See schon einiges erlebt hatte, hatte aufgehört, den Fang in Eis zu packen, und starrte aufs Wasser. Ich war fasziniert und verwirrt zugleich. Doch plötzlich sah ich klar: Der „Bug" war nichts anderes als die Nase eines Tiers. Dahinter folgte ein klaffendes riesiges Maul, das den Eindruck machte, als wolle es das Meer verschlucken … Das Wasser kam auf beiden

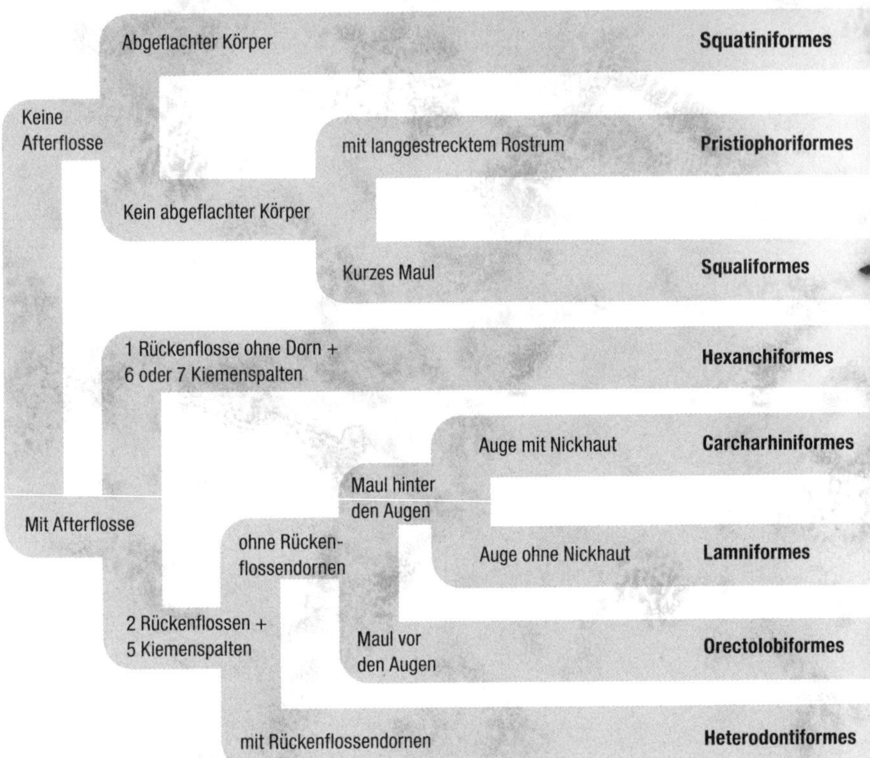

Seiten durch die fünf Kiemenspalten wieder heraus. Sie waren so weit geöffnet, dass der Kopf fast wie abgerissen wirkte. Dann folgte ein massiger Körper, der mit gräulichen Flecken bedeckt war, als wäre das Tier an Pellagra erkrankt. Auf jeder Körperseite befand sich eine kolossale Brustflosse, oben die steil aufgerichtete Rückenflosse. Schließlich, ganz am Ende, die Schwanzflosse. Ein einziges Tier, ein Riesenhai (*Cetorhinus maximus*). Zwölf Meter? 13 Meter? Noch länger? Ich hatte mir nicht einmal vorstellen können, dass es ein so titanenhaftes Tier überhaupt gab. Ich konnte die rohe Kraft dieses Rie-

Bestimmungsschlüssel der wichtigsten Haiordnungen

sen bis hinauf auf die Brücke spüren, als er vorüberschwamm. Mir kamen die ergreifenden Bilder einer sensationellen Jagd auf einen Riesenhai in den Sinn, die Robert Flaherty 1934 für seinen Film *Die Männer von Aran*[27] gedreht hatte. Eine Handvoll Fischer auf einfachen Booten kämpfen während mehr als zwei Tagen mit dem Monster, dessen Widerstandskraft schier unglaublich ist.

Solche Riesen sind selten, wahrscheinlich handelt es sich um sehr alte Tiere, deren Ausmaße nur vom Walhai (*Rhincodon typus*) übertroffen werden, einem in warmen Gewässern

beheimateten Verwandten, der 18 Meter lang werden kann. 100-mal größer als der Zwerg-Laternen-Hai (*Etmopterus perryi*), der kaum länger als 18 Zentimeter wird (s. S. 70–72, der Hai in Originalgröße).

Was die Größe angeht, stehen Rochen den Haien nur wenig nach. 2015 haben Forscher in der Aufwärtsströmung (*upwelling*) aus der Tiefsee vor Peru, eine der artenreichsten ozeanischen Regionen der Welt, einen Mantarochen (*Mobula birostris*) gefangen, der eine Tonne schwer war und 8,6 Meter Spannweite hatte.[28] Aber man muss gar nicht auf hohe See, um Riesenrochen zu treffen. In Südostasien lebt der Süß-

Gruppe von Hammerhaien

wasser-Riesenrochen (*Urogymnus polylepis*) in Flüssen, er wiegt bis zu 600 Kilo und hat eine Spannweite von bis zu zwei Metern.

Die natürliche Diversifikation kommt zum Tragen

Seit vor 3,8 Milliarden Jahren die ersten Lebewesen auf der Erde auftauchten, hat die natürliche Diversifikation trotz wiederholter Naturkatastrophen und Massensterben zu einer reichen Fauna mit mannigfaltigen Arten geführt.

Die Knorpelfische bilden da keine Ausnahme. Trotz gewaltiger Verluste infolge zahlreicher Naturkatastrophen zählen wir heute mindestens 1199 Arten, darunter 536 Haie, 611 Rochen und 52 Chimären[29], andere Quellen sprechen von insgesamt 1125 Arten, darunter 440 Haie.[30] Diese Zahlen sind natürlich nur Schätzwerte, denn jedes Jahr werden neue Arten entdeckt. Zudem hat die Neudefinition von Arten auf Basis genetischer Daten die bisher gültige Klassifizierung revolutioniert.[31]

Ungeachtet der Unsicherheit kann man auf rein morphologischer Basis acht große Ordnungen von Haien anhand spezifischer Merkmale unterscheiden, die leicht zu erkennen sind (Flossen, Zahl der Kiemenspalten), selbst für einen Laientaucher. Denn irgendwann wird auch er sie treffen: Haie gibt es überall, von der Arktis bis zur Antarktis, von der Wasseroberfläche bis zur Tiefsee, sogar in Flüssen und Seen. Ich habe bei meinen Tauchgängen schon mehr als 40 Arten von Haien und Rochen beobachtet. Die Unterschiede in Größe, Form und Verhalten sind verblüffend. Die geschmeidige Anmut der Bewegungen des Blauhais, das seidige Blau seiner Haut, der intensive Blick seines runden Auges mit der großen schwarzen Iris, der jeder Bewegung in seiner Umgebung folgt – welch ein Gegensatz zum unbekümmerten Ammenhai (*Ginglymostoma cirratum*), dessen kaum sichtbare Iris einen gar nicht wahrzunehmen scheint.

Oder der Zigarrenhai (*Isistius brasiliensis*), ein etwa 70 Zentimeter langer Einzelgänger, der mit seinem kräftigen Gebiss große Fleischstücke aus den Seiten von Pottwalen beißt. Oder der gesellig lebende scheue Bogenstirn-Hammerhai (*Sphyrna lewini*), dessen bogenförmiger Kopf rhythmisch hin- und herpendelt, wenn er nach Zwergkalmaren sucht.

Keine Haiart ist mit der anderen zu vergleichen. Etwas übertrieben könnte man sagen, sie ähneln sich wie der Elefant und die Fledermaus! Im Gegensatz zur weitverbreiteten Meinung kann kein Hai stellvertretend für alle stehen.

Kapitel 3

Die Entstehung neuen Lebens

Januar, in den Mangroven im Südwesten der Insel Grand Bahama. Das weitverzweigte Wurzelwerk der dicht an dicht stehenden Bäume durchwuchert das seichte, kaum einen Meter tiefe Wasser, wie Stelzen ragen Luftwurzeln heraus. Das Meer ist kristallklar, kein Lüftchen weht. Durch die spiegelglatte Wasseroberfläche sieht man Große Fechterschnecken (*Strombus gigas*), die bis zu 1,5 kg schwer werden können, und Seesterne. In der Ferne erkenne ich einen Wirbel im Wasser, der sich langsam nähert. Die Rückenflosse eines Hais. Nach und nach zeichnet sich sein Körper deutlicher im durchsichtigen Wasser ab. Ein Zitronenhai (*Negaprion brevirostris*), ein riesiges Weibchen mit aufgeblähtem Bauch. Es ist zwölf Jahre alt und hat die Geschlechtsreife erreicht. Die Erstgebärende schwimmt träge über den mit Wasserpflanzen bewachsenen Sandboden. Hin und wieder lässt sie sich nieder, dann bewegt sie sich einige Meter weiter, bevor sie wieder schwer zu Boden sinkt. Ich habe das Gefühl, dass sie mit dem Tod ringt. Ihre Atemfrequenz ist hoch, ihr Mund schnappt nach Wasser, und ihre Kiemen pulsieren hektisch. Die leichte Dünung schüttelt sie durch. Plötzlich, ohne Vorwarnung beginnt die Geburt, das erste Baby wird unsanft herausgepresst. Es klemmt unter dem Bauch der Mutter fest und versucht sich zu befreien, aber die Nabelschnur hindert es daran. Es braucht einige Augenblicke, bis die Verbindung zur Mutter reißt und das Neugeborene zwischen den Wurzeln der Mangroven verschwindet.

60 Zentimeter, das ist nicht viel für einen „großen Räuber". Im Moment wäre das Haijunge eine leichte Beute für seine Artgenossen, die ihn abends jagen werden, oder auch für einen Barracuda (*Sphyraena barracuda*), der nicht zögern wird, seinen zukünftigen Konkurrenten zu fressen.

Der „Wald des Meeres" wird im folgenden Jahr sein Rückzugsort und seine Speisekammer sein. Seine Brüder und Schwestern, etwa ein Dutzend, werden sich ihm anschließen, bevor sich ihre durch die lange Geburt erschöpfte Mutter erholt hat und wieder zu jagen beginnt, möglicherweise sogar ihre eigenen Kinder.

Äußerst selten werden Taucher Zeugen einer Geburt unter Wasser. Die Mangrovenwälder der Bahamas sind eine der wenigen bekannten Kinderstuben der Zitronenhaie.[1] Dorthin kehren die Mütter nach zwölf Monaten Tragzeit zurück, um ihre Kinder zu gebären, wo sie selbst geboren wurden.[2]

Es gibt andere Haiarten, bei denen man nicht weiß, wo oder wann die Weibchen ihre Jungen gebären. Jede Beobachtung ist eine Sensation, mit weitreichenden Folgen. So haben zum Beispiel die Bilder einer Überwachungskamera auf dem Meeresgrund der Philippinen, die die Geburt eines Fuchshais aufzeichnete, dazu geführt, dass die Wissenschaftler diesen Bereich sofort zur Schutzzone erklären wollten.[3]

Die Geburt eines Hais ist auch deshalb so faszinierend für die Wissenschaft, weil sie unsere Verwandtschaft mit den Tieren unterstreicht und die Einzigartigkeit der Knorpelfische in der Welt der Meerestiere aufzeigt.

Keine Zärtlichkeiten

Nicht nur das bewegliche Skelett unterscheidet den Hai von seinen Fischnachbarn, auch die Fortpflanzung ist fundamental anders. Haie paaren sich genau wie wir Menschen. Die meisten Knochenfische dagegen pflanzen sich über äußere Befruchtung fort. Sie überlassen ihre Ei- und Samenzellen der Strömung, ihre Wiege ist das Meer. Haie dagegen setzen auf innere Befruchtung … Aber sie verzichten auf jede Form von Zärtlichkeit, das Eindringen geschieht mit Gewalt.[4] Nachdem sich das Männchen an den Brustflossen des Weibchens festgebissen hat, überträgt es mit seinem Klasper genannten Klammerorgan, einer umgewandelten Bauchflosse, Spermien in die Kloake des Weibchens. Während des kurzen Begattungsakts, der höchstens ein bis zwei Minuten dauert, sinkt das so miteinander verbundene Paar im Wasser langsam nach unten. Wenn sie den Boden vor dem Ende des Koitus berühren, nutzt das Männchen die Chance, das Weibchen, das wie gelähmt ist, noch besser zu packen. Nach dem Akt kommt das Weibchen sofort wieder zu sich und verschwindet, trotz der manchmal blutenden Wunden, die ihr Partner ihr durch seine Bisse zugefügt hat.[5]

Bei einigen Arten scheint es jedoch etwas sanfter zuzugehen. Bei den Ammenhaien ist es das Weibchen, das dem Männchen Avancen macht. Die Brustflossen fest in den weichen Boden gestemmt, wedelt sie mit ihren Genitalien den Sand hin und her, eine Art Tanz, der ihren Partner stimulieren oder ihn wissen lassen soll, dass sie gerade ihren Eisprung hat.[6]

Gewiegt im Bauch der Mutter oder im Meer

In einer menschenzentrierten Betrachtungsweise hat man die innere Befruchtung lange Zeit als eine moderne Form der Fortpflanzung angesehen. Dabei wurde vergessen, dass sie bei Wirbeltieren seit Urzeiten üblich und im Laufe der Evolution gleich mehrere Male entstanden ist. Die Ersten, die sich gepaart, also durch innere Befruchtung fortgepflanzt haben, waren vor mehr als 380 Millionen Jahren die Plattenhäuter (*Placodermi*). Für diese urzeitlichen Paarungen gab es keine Zeugen, doch Fossilien erzählen davon. Auf einem ist ein *Materpiscis-attenboroughi*-Muttertier für die Ewigkeit festgehalten, das gerade niederkommt. Die Embryonen sind noch durch primitive Nabelschnüre mit ihm verbunden, unwiderlegbarer Beweis für eine innere Befruchtung.[7] Andere anatomische Strukturen legen nahe, dass der Panzerfisch *Microbrachius dicki*, eine noch primitivere Form, sich ebenfalls durch Paarung fortgepflanzt hat. Die Kloake des Weibchens war mit einem robusten Schild umrandet, auf dem das Männchen während der Penetration seine Klaspern öffnete.[8]

Die innere Befruchtung charakterisiert demnach die primitiven Plattenhäuter[9] und die Haie. Wenn man die äußere Befruchtungsmethode der Knochenfische zeitlich zu ihr in Bezug setzt, wäre letztere die modernere!

Beide Fortpflanzungsarten sind elementar verschieden: Auf der einen Seite werden Millionen Eizellen den Elementen ausgesetzt, auf der anderen Seite gibt es nur eine sehr begrenzte Zahl von Embryonen, die dafür aber in den kritischen Entwicklungsphasen bis zur Geburt gut geschützt sind.

Mehrere Väter für einen Wurf

Die innere Befruchtung begrenzt auch den genetischen Mix, der entsteht, wenn sich Millionen von Eizellen und Spermien Dutzender Fische in der Meeresströmung mischen. Um diesen Mix auch für Haie zu ermöglichen, gibt es Mehrfachvaterschaften. In einem Wurf können die Jungen bis zu vier verschiedene Väter haben. Das bedeutet, dass das Weibchen trotz oft schwerer Verletzungen, die das Männchen ihm zufügt, mehrere Paarungen hintereinander zulässt.[10] Diese Mehrfachvaterschaften, die bei allen Haiarten vorkommen, sind jedoch nicht sehr häufig, selbst bei Arten[11], bei denen das Weibchen die Befruchtung der Eizellen hinauszögert, indem es das Sperma in der Eileiterdrüse aufbewahrt[12], wie zum Beispiel bei den riesigen Walhaien.[13]

„Seemäuse"

Bei diesem Geduldsspiel ist der Große Katzenhai (*Scyliorhinus stellaris*) ganz vorne dabei. Das Weibchen kann bis zu zwei Jahre mit der Befruchtung warten, um dann die Eier abzulegen. Diesen Vorgang zu erkunden macht den besonderen Reiz unseres Tauchgangs aus, den wir am 5. August 1972 in La Couronne, nahe Marseille, in 40 Meter Tiefe unternehmen. Mit meinen Freunden vom Cercle Valence Plongée untersuchen wir eine felsige Untiefe, die uns die Sonde vor ein paar Tagen angezeigt hat. Der schlammige Boden, über den wir schwimmen, scheint endlos, die Sicht ist schlecht, keine Kontraste, ein bisschen wie an einem Nebeltag, wenn Himmel und Erde verschwimmen. Nach und nach verdunkelt sich der Horizont, das ist das Kliff, auf das wir gehofft hatten. Wir sind vielleicht die Ersten, die das Leben an dieser etwa 15 Meter hohen Klippe untersuchen. Aus einer Spalte tauchen ein Hummer mit gewaltigen Scheren und drei Meeraale auf, die ihre Mäuler mit weißlichen Lippen präsentieren. Unter jedem Überhang der Klippe leuchten die hellen Polypen der roten Korallen im Halbdunkel. Die Peitschenantennen der Langusten stellen sich auf, in jeder Spalte sitzen Dutzende von ihnen. Einige teilen ihre Logenplätze mit Roten Drachenköpfen (*Scorpaena scrofa*), auch sie plustern sich auf, gewillt, sich dem Wettbewerb um die Rangordnung zu stellen. Und überall, wirklich überall, Schwärme kleiner Mittelmeer-Fahnenbarsche (*Anthias anthias*), die den Felsen wie ein lebendiger Mantel einhüllen. Wir erleben ein Mittelmeer, das der jüngeren Generation unwahrscheinlich erscheint, weil sie sich durch die ökologische Amnesie gar nicht mehr vorstellen kann, dass die Natur jemals in solch einem Überfluss vorhanden gewesen sein könnte. Als ökologische Amnesie bezeichne ich in diesem Zusammenhang die Haltung, die Natur, die man in seiner Kindheit erlebt hat, als Norm und Originalzustand anzusehen, ohne die jahrhundertelangen Veränderungsprozesse zu berücksichtigen.

Und doch ist es nicht diese überreiche Fülle, die uns an diesem Tag beeindruckt. Es sind die vielen Eier des Gefleckten Katzenhais, die in einem Wald aus roten Korallen oben auf dem Felsen hängen. Jedes Ei hat eine etwa zehn Zentimeter lange hornige Kapsel, die man „Seemaus" oder auch „Nixentäschchen" nennt und in der sich die Embryonen entwickeln.

Das ist keine Notiz aus meinem Tauchtagebuch, sondern die detaillierte Erinnerung an die „gelben Lampions" in den scharlachroten Korallenfächern, die sich in der Strömung bewegten.

Jede Kapsel ist mit Fasern an den Zweigen einer Koralle fixiert, wie die Kugel an einer Tanne. Der ganze Felsen ähnelt einem einzigen großen Weihnachtsbaum!

Ist das hier ein Ablageort für Eier? Ich suche die Katzenhaie. Sie sind garantiert hier, versteckt hinter den flaumigen Fächern. Ich zähle 15, alles Weibchen. Einige haben gewölbte, noch gefüllte Bäuche. Vielleicht warten sie mit der Eiablage bis zum Einbruch der Nacht.

Die meisten „Seemäuse" sind mit Moostierchen (*Bryozoa*) und Kalkalgen bedeckt. Sie sind wahrscheinlich schon vor Monaten hier abgelegt worden. Einige Kapseln sind leer und verhärtet, die Jungen haben schon das weite Meer erreicht. Andere sind noch durchscheinend genug, um im Gegenlicht einen Haiembryo erkennen zu lassen, der sich hin und wieder bewegt. Er ist mit einer Nabelschnur mit dem „Eigelb" verbunden, dem Dotter, von dem er sich ernährt.

Wir hätten mehrere Tage hintereinander hierherkommen müssen, um wenigstens eine kleine Chance zu haben, Zeugen des Schlüpfens zu werden, wenn die Hülle für das Haijunge zu klein wird und es sich in alle Richtungen bewegt, um die schützende Kapsel zu durchbrechen. Das kleine Maul bohrt sich durch den entstandenen Riss, dann hält das Junge inne, von der Kraftanstrengung erschöpft, schließlich nimmt es seine Bemühungen wieder auf, um die Hülle vollständig abzustreifen. Dann befreit sich der Kopf mit den schwarzen Mandelaugen, der Körper mit den noch weichen Flossen folgt. Der junge Katzenhai zappelt und wagt sich ins offene Meer.

Tausendundeine Art, sich fortzupflanzen

Was die Fortpflanzung angeht, hat die Natur sich alles Mögliche ausgedacht, auch die Haie haben davon profitiert.[14] Das Weibchen des Leopardenhais (*Stegostoma fasciatum*) kommt sogar ohne Männchen aus! Das Ei entwickelt sich, ohne befruchtet worden zu sein. Dieser Fall von Parthenogenese wirkt auf den ersten Blick unmöglich, aber in Aquarien wurde die eingeschlechtliche Fortpflanzung bereits mehrere Male beobachtet.[15]

Die Regel besagt jedoch, dass man für eine Befruchtung notwendigerweise eine Paarung braucht. 30 Prozent der Haie pflanzen sich durch Eiablage fort und sind ovipar, wie der Gefleckte Katzenhai, doch die meisten Arten haben eine ganz spezielle Strategie entwickelt, um ihre wenige Nachkommenschaft zu schützen: Die Eier bleiben während der Entwicklungszeit im Uterus. Die Mutter gebiert erst dann, wenn das Junge autonom ist. Auch hier gibt es wieder zwei Optionen: Bei der einen werden die Embryonen von der Mutter durch die Plazenta ernährt (zum Beispiel beim Zitronenhai), ganz ähnlich wie bei den Säugetieren. Bei der anderen entwickeln sich die Embryonen im Uterus der Mutter und leben dort von einer Eireserve, wie zum Beispiel beim Stumpfnasen-Sechskiemerhai (*Ovoviviparie*).

Diese unterschiedlichen Fortpflanzungsmöglichkeiten haben es den Haien erlaubt, bis heute zu überleben. Aber im Anthropozän, der geochronologischen Epoche, in der der Mensch zu einem der wichtigsten Einflussfaktoren auf der Erde geworden ist, wird ihre geringe Geburtenrate für die Haie zum elementaren Problem. Denn die lange Tragezeit verlangsamt die Erneuerung der Population. Beim viviparen Bullenhai (*Carcharhinus leucas*), der etwa ein Dutzend Embryonen entwickelt, dauert sie zehn Monate, 24 Monate beim ovoviviparen

Dornhai und bis zu 42 Monate beim Eidechsenhai, der den Rekord für die längste Tragezeit im Tierreich hält. Allein diese Tatsache sollte ein Stoppschild gegenüber der industriellen Überfischung der Meere sein.

Schlimmer noch: Der Rhythmus der Ausbeutung durch uns Menschen beschleunigt sich, mit der Folge, dass die Haie nicht mehr alt genug werden, um sich fortzupflanzen. Denn die Weibchen der meisten Arten erreichen die Geschlechtsreife erst spät: Fünf Jahre dauert es beim Tigerhai, sechs beim Bullenhai, 13 beim Sandbankhai (*Carcharhinus plumbeus*), 16 beim Riesenhai. Und was soll man zum Weißen Hai sagen, bei dem die Weibchen erst mit 15, vielleicht sogar erst mit 25 Jahren Junge bekommen können?[16] Der Grönlandhai (*Somniosus microcephalus*) erreicht seine Geschlechtsreife erst mit 150 Jahren![17]

Bei der Geburt verlassen

Die Problematik wird noch dadurch verschärft, dass die Eier und die Neugeborenen unmittelbar nach der Geburt von ihren Eltern verlassen werden, ohne jeden Schutz und ohne Erziehung. Sie sind auf sich allein gestellt, entdecken die Welt ohne Hilfe und riskieren dabei nicht selten ihr Leben. All das macht die Haie noch angreifbarer als die Wale, die ebenfalls eine lange Lebenszeit, eine späte Geschlechtsreife und eine schwache Fruchtbarkeitsrate haben, bei denen sich die Eltern aber noch lange nach der Geburt um ihren Nachwuchs kümmern. Aber wie sollen sich Haijunge ohne Unterstützung ihrer Eltern oder einer Gemeinschaft gegen die Herausforderungen des Anthropozäns wappnen, denen alle Lebewesen unterworfen sind? Das wollen wir in Kapitel 8 näher untersuchen.

Wirbeltiere pflanzen sich auf ganz unterschiedliche Weise fort, selbst verwandte Arten, die die gleiche ökologische Nische besetzen.[18] Im Great Barrier Reef in Neukaledonien teilen sich verschiedene Haiarten die gleichen sandigen Korallenbänke, die mit marinen Blütenpflanzen bewachsen sind: die ovoviviparen Leopardenhaie mit der Fähigkeit zur Parthenogenese, die ovoviviparen Indopazifischen Ammenhaie (*Nebrius ferrugineus*) und die viviparen Sichelflossen-Zitronenhaie (*Negaprion acutidens*).

Angesichts dieser Diversität könnte man sich wundern, warum die „natürliche Auslese“ im Laufe von Millionen von Jahren nicht dazu geführt hat, dass sich die effizienteste Fortpflanzungsmethode für alle durchsetzte. Sind vielleicht alle gleich effizient? Am selben Ort und bei gleichen Lebensbedingungen pflanzen sich Knochenfische geschlechtlich differenziert mit externer Befruchtung fort, außer wiederum den Seenadeln (*Syngnathidae*), die sich geschlechtlich differenziert mit interner Befruchtung fortpflanzen, wobei dem Männchen die schwere Aufgabe zufällt, die Eier zu tragen.

In dieser großen Gruppe finden sich auch eine Reihe von Transgender-Fischen: Weibchen, die sich mit fortschreitendem Alter in Männchen verwandeln oder umgekehrt oder auch je nach den Umständen … Es gibt Fische, bei denen das Zwittertum die Regel ist – oder auch nicht. Was die Wirbellosen angeht, die mit Haien oder Fischen zusammenleben, so liefert die asexuelle Fortpflanzung eine echte Trumpfkarte. Manche, wie zum Beispiel die Korallen, bespielen gleich zwei Felder: eine geschlechtlich differenzierte und eine asexuelle Fortpflanzung durch Klonen, durch Knospung oder durch

„Stecklingsvermehrung". Das funktioniert so gut, dass diese auf den ersten Blick „unwichtigen" Tiere die Geologie und die Geschichte unseres Planeten verändert haben. Wenn man noch Seegräser und Algen in die Betrachtung mit einbezieht, kann man sagen, dass es tausendundeine Fortpflanzungsarten gibt, die alle effektiv sind, denn sie haben es den Pflanzen und Tieren, mit denen wir heute zusammenleben, ermöglicht, über alle geologischen Epochen und Katastrophen hinweg zu überleben.

Die natürliche Auslese ist eine positive Auslese

Funktioniert die brutale natürliche Auslese, die nur die Stärksten überleben lässt und alle Verlierer auslöscht, tatsächlich so, wie man es uns immer erklärt hat?

Im Gegensatz zur künstlichen Selektion durch den Menschen, die einer Eliminierung gleichkommt, stellt die natürliche Auslese eine Auswahl mit positiven Folgen dar. Sie favorisiert die Lebensformen, die gut funktionieren, und fördert eine Entwicklung zum Besseren. Die anderen Formen lässt sie nur dann aussterben, wenn sie wirklich ein Hindernis darstellen und die Fortpflanzung beeinträchtigen. Deshalb findet sich in der Natur alles und auch sein Gegenteil … Die natürliche Auslese sieht das Lebewesen durch den Filter der Reproduktion, und dieser Filter ist sehr weitmaschig. Die Natur ist „träge", sie wählt nicht einzeln aus, sondern berücksichtigt das Zusammenspiel von Morphologie, Physiologie und Verhalten, das durch den Filter der Reproduktion getestet wird. Wenn eine Kombination bestimmter Eigenschaften sich erfolgreich vermehrt, wird sie beibehalten, auch wenn nicht jede

Einzeleigenschaft optimal ist. Schließlich können positive und negative Eigenschaften sich kompensieren. Die erstaunliche Tarnfähigkeit des Seepferdchens zum Beispiel gleicht seine Ungeschicklichkeit beim Schwimmen wieder aus … Nach seiner künstlichen Selektionsphilosophie hätte der Mensch alles getan, es auch zu einem guten Schwimmer zu machen, der Natur ist das egal. Das Seepferdchen kann verlässlich für Nachkommen sorgen, das genügt.

Nach menschengemachten Selektionsprinzipien gäbe es uns längst nicht mehr. Denn nach 3,8 Milliarden Jahren der Auslese wäre auf der Welt nur ein einziges Lebewesen übrig geblieben, das alle Qualitäten auf sich vereint, eine Art Superman. Die Natur funktioniert genau umgekehrt: Sie vergrößert die Vielfalt der Arten. Bei jeder Fortpflanzung pflanzen sich auch kleine Fehler fort, eine winzige Variante, eine minimale Mutation … Und gerade diese minimalen Unzulänglichkeiten werden von der natürlichen Auslese toleriert, auch wenn sie nicht wirklich nützlich sind. Aus ihnen ist die überreiche Fülle der Natur und des Lebens entstanden, die Millionen von Arten, die wir heute kennen.

Die Natur vertraut sich selbst und ihrer natürlichen Auslese, die die Vielfalt der Lebensformen und ihr Überleben auf dieser Erde gewährleistet. Wenn wir Menschen die natürliche Selektion unter diesem Blickwinkel betrachten, denken wir vielleicht noch einmal über die Konsequenzen von Monokulturen nach, einer der Hauptgründe für den unglaublichen Artenschwund. Vielleicht würden wir toleranter gegenüber einer wie auch immer gearteten Andersartigkeit. Und würden den Begriff der natürlichen „Selektion" durch natürliche „Diversifikation" ersetzen, die dieses Phänomen ohnehin wesentlich besser beschreibt.[19]

Kapitel 4

Im Kopf des Hais

1. Oktober 1986, Lawson Bank, Marquesas-Inseln.

Wir sind 25 Meter tief, die Sandbank ist mit Korallenstücken bedeckt, hier und dort wachsen große Kolonien von Pocillopora- und Porites-Steinkorallen. Dickkopf- und Blauflossen-Makrelen (*Caranx ignobilis* und *Caranx melampygus*), Doppelfleck-Schnapper (*Lutjanus bohar*) und Weißspitzen-Riffhaie, die wahrscheinlich noch nie einen Taucher gesehen haben, schwimmen munter um uns herum. Plötzlich verschwinden die neugierigen Räuber, und der wahre Herrscher des Reviers taucht auf, der Silberspitzenhai (*Carcharhinus albimarginatus*). Er kommt aus der Tiefe nach oben, ist mindestens 2,5 Meter lang und hat einen gewölbten Bauch. Ich bin fasziniert von seiner wohlproportionierten Körperform, dem matten Glanz seiner Haut, seinen eleganten Schwimmbewegungen und von der Ruhe, die er ausstrahlt. Er ist nicht allein. Aus der Ferne tauchen schemenhaft vier oder fünf Artgenossen auf und umkreisen uns. Dann verschwinden sie wieder im leuchtenden Blau, um kurze Zeit später wieder aufzutauchen, dort, wo wir sie am wenigsten erwartet hätten. Die Haie sind da, ohne wirklich da zu sein, was uns allen ein mulmiges Gefühl beschert. Woher wussten sie, dass wir da sind? Welche winzige Vibration hat sie alarmiert?

Plötzlich bringt sich einer von ihnen in Stellung, er biegt sich, bäumt sich auf, senkt die Brustflossen und schießt auf uns zu … Nach einigen Metern biegt er ab. Solche Szenen

Weißer Hai (*Carcharodon carcharias*) – Pazifischer Ozean – Insel Guadalupe – Mexiko

F. S. mit Weißem Hai (*Carcharodon carcharias*) –
Pazifischer Ozean – Insel Guadalupe – Mexiko

Nahaufnahme eines Weißen-Hai-Weibchens (*Carcharodon carcharias*) mit Narben von der Paarung – Pazifischer Ozean – Insel Guadalupe – Mexiko
Weißer Hai (*Carcharodon carcharias*) nahe der Wasseroberfläche – Pazifischer Ozean – Insel Guadalupe – Mexiko

F. S. mit Weißen Haien (*Carcharodon carcharias*) – Pazifischer Ozean – Insel Guadalupe – Mexiko

F. S. mit Weißem Hai (*Carcharodon carcharias*) –
Pazifischer Ozean – Insel Guadalupe – Mexiko

Ein Weißer Hai (*Carcharodon carcharias*) nahe der Oberfläche im Gegenlicht – Pazifischer Ozean – Insel Guadalupe – Mexiko

sind selten. Silberspitzenhaie sind meist schüchtern, misstrauisch, immer in Alarmbereitschaft. Eine hektische Bewegung, ein Blitzlicht und sie verschwinden in der Ferne. Dominique Arrieu muss sich eine Menge Tricks einfallen lassen, damit die Haie sich in die Nähe seiner Kamera wagen. Schon das kaum hörbare Geräusch, wenn der Film sich weiterdreht, erschreckt sie. Damals verwendeten wir auf der *Calypso* wasserdichte 16-mm-Kameras, Videokameras gab es noch nicht. Sobald die Kamera aber ausgeschaltet und es wieder still wird, fühlen sich die Haie wieder als Herrscher des Reviers und kommen neugierig näher.

Wir ziehen uns in Richtung der Zone mit grobem Sand zurück, über die Schwarzpunktrochen (*Taeniura meyeni*) dicht über dem Boden hinweggleiten, wobei sie ununterbrochen die flügelartigen Brustflossen bewegen. Die mehr als 1,5 Meter breiten Rochen begegnen sich, berühren sich, schwimmen gemeinsam, trennen sich wieder und kümmern sich nicht weiter um uns. Es sieht fast aus, als würden sie Ballett tanzen. Ich hefte mich einem an die Fersen und passe mich den Wellenbewegungen der Flossen an. Ich spüre die Strömung des Wassers auf meinem Gesicht und habe das Gefühl, ein Fisch unter Fischen zu sein … Plötzlich hält der Rochen inne. Wie ein Saugnapf klebt er am Boden und gräbt seinen Kopf in den

Kein Rochen gleicht dem anderen, sie haben vielfältige Körperformen, Schwimmarten und Ernährungsweisen. Zuerst ein Mantarochen, der Plankton aus dem Wasser filtert. Danach ein Stechrochen, der das schwache elektrische Feld wahrnimmt, das seine im Sandboden versteckte Beute aussendet.

Sand. Ich habe es nicht kommen sehen, nicht gespürt, nicht verstanden, was da vor sich geht. Aber er hat bereits einen etwa 30 Zentimeter tiefen Krater gegraben und frisst genüsslich seine Beute, einen Fisch, dessen schwaches elektrisches Feld, das durch Muskelaktivität erzeugt wurde, er wahrgenommen und aufgespürt hat.

Hier trennen sich unsere Wege. Ich werde niemals ein Fisch sein, weder ein Hai noch ein Rochen, selbst mit Taucheranzug nicht. Meine viel zu schwach ausgeprägten Sinne sind nicht in der Lage, solche Schwingungen wahrzunehmen. Das Universum der Fische ist so viel reicher und vielfältiger als das, was ich mir als Mensch vorstellen und erkennen kann.

Ein Hai sein

Wenn ich ein Hai wäre, würde ich die Welt anders beschreiben als die Menschen. Im nur auf den ersten Blick gleichförmigen Blau des Ozeans könnte ich Duftwolken wahrnehmen, elektromagnetische Felder und hydrodynamische Turbulenzen spüren, Phänomene, die ein Mensch nicht mal erahnt, der das Wasser nur als amorphe Flüssigkeit wahrnimmt, obwohl es in Wirklichkeit voller Informationen steckt. Wenn ich ein Hai wäre, würde ich erklären können, dass die Menschen ebenso unfähig sind, *mein* Universum zu beschreiben, wie ein Blinder oder Tauber die Welt um sich herum den Sehenden und Hörenden beschreiben kann. Den Menschen fehlt sogar das Vokabular, um das in Worte zu fassen, was ich als Hai wahrnehme.

Wie der Werwolf, halb Mensch, halb Wolf, versucht hat, zwischen Mensch und Tier zu vermitteln, versuchen wir, uns dem anzunähern, was Haie wahrnehmen, in ihren Kopf, ihre *Umwelt* einzudringen … Schließen wir die Augen, um aufmerksamer für alles zu sein, was wir noch wahrnehmen können. Zusätzlich zu unseren fünf Sinnen verfügt der Hai über einen sechsten Sinn: die Elektrosensorik. Aber vor allem ist es die Synergie aller Sinne, die ihm eine ganz andere Welt präsentiert.

Das Bezugssystem ändern, die Welt ändern

Das Sehen ist auf der Erdoberfläche und im Raum darüber existenziell wichtig, im marinen Umfeld ist es eher sekundär. Denn selbst auf den Osterinseln, wo es das klarste Meerwasser der ganzen Welt gibt[1], weil es keine terrestrischen Sedimente aufweist und dadurch kaum Plankton entsteht, beträgt die Sicht in horizontaler Richtung kaum mehr als 50 Meter. Normalerweise kann man in der oberen Wasserschicht der Ozeane, die vom Sonnenlicht erhellt wird, auf 30 Meter Entfernung Formen unterscheiden, das heißt, die Sicht ist etwa so gut wie an einem Nebeltag. Aber sobald man sich Küstenregionen nähert, wo der Boden von Wellen aufgewühlt wird, Flüsse ins Meer münden und Plankton mit der Strömung das Wasser dickflüssig macht wie eine Suppe, reduziert sich die Sicht auf wenige Zentimeter. Taucht man tiefer als 100 Meter, wird man nach und nach von der Dunkelheit eingehüllt, die einen nicht mehr loslässt. Jenseits von 1000 Metern herrscht totale Finsternis, es gibt keine Photonen mehr, außer dem Leuchten einiger biolumineszenter Lebewesen. 95 Prozent der Ozeane liegen in völliger Dunkelheit. Augen wie ein Luchs oder ein Adler zu haben, hilft hier nicht weiter. Andererseits ist Wasser dichter als Luft und kann Duftstoffe wesentlich besser transportieren und Vibrationen 4,5-mal besser übertragen. Deshalb ist es nicht verwunderlich, dass Haie bestimmte Organe perfektioniert haben, um Gerüche und selbst kleinste Veränderungen des Wasserdrucks wahrzunehmen.

Ein meisterhafter Geruchssinn

Das Reich der Haie ist vor allem eine Welt der Gerüche und Geschmäcker. Der Hai ist eine „Nase", die Jean-Baptiste Grenouille, dem Helden von Süskinds *Das Parfum*[2], den Rang ablaufen würde. Ernest Hemingway, ein großer Kenner des Meeres, irrte nicht, als er in *Der alte Mann und das Meer* davon sprach, dass es das Blut des harpunierten Schwertfischs war, das den ersten Hai angelockt hatte: „Der Hai kam nicht von ungefähr. Er war aus großer Tiefe nach oben geschwommen, als die dunkle Blutwolke sich in der meilentiefen See abgesetzt und verteilt hatte. Er kam so schnell und unachtsam herauf, dass er aus dem blauen Wasser schoss und in der Sonne schwebte. Dann fiel er ins Meer zurück, nahm Witterung auf und schlug den Kurs ein, den das Boot und der Fisch genommen hatten."[3]

Obwohl selbst ein Hai keineswegs in der Lage ist, einen Tropfen Blut in einem Olympia-Schwimmbecken aufzuspüren[4], wie oft behauptet wird, sind seine olfaktorischen Fähigkeiten außergewöhnlich. Dabei kommt es vor allem auf die Strömung an, die die Duftmoleküle in die Richtung des Hais bringt, deren Konzentration spielt eine untergeordnete Rolle. Duftmoleküle verhalten sich im Wasser, anders als Schallwellen, chaotisch. Sobald er das erste Molekül wahrnimmt, beginnt er die Geruchsquelle anhand der Spur zurückzuverfolgen, um die potenzielle Beute zu finden. Ähnlich wie wir Menschen, wenn wir die Herkunft eines Geräuschs orten wollen, unbewusst den Unterschied zwischen dem Ankommen des Tons am linken und am rechten Ohr analysieren. Der Hai misst den Unterschied der Konzentration der Duftmoleküle in jedem Nasenloch, das im Inneren mit olfaktorischen Epithelen besetzt ist. Dabei orientiert er sich auf die Seite, die zuerst stimuliert wurde. So geht er von Molekül zu Molekül und bleibt immer im Fluss, jeweils dort, wo die Konzentration am höchsten ist.[5] Dabei gelangt er bis zur Quelle. Wenn er an ihr vorbeischwimmt, und sei es auch nur um einen Meter, befindet er sich in einer Geruchsleere und dreht um, um den lockenden Duft wiederzufinden.

Kein Appetit auf menschliches Blut

Der Hai mag nicht alle Gerüche. Menschliches Blut und das Blut von auf dem Festland lebenden Säugetieren interessieren ihn nicht besonders.[6] Angezogen wird er dagegen von Aminosäuren von fetthaltigen Fischen (Thunfisch, Makrele, Sardine). Nekromone, Botenstoffe, die von einem sterbenden Artgenossen abgegeben werden, scheinen die meisten Haie dagegen zu fürchten. Man hat diese Stoffe deshalb in zahlreichen Versuchen eingesetzt, um Haie davon abzuhalten, Schiffbrüchige anzugreifen, mit gemischten Ergebnissen. Es scheint, dass bei Katastrophen dieser Art, bei denen häufig Hunderte von Menschen betroffen sind, andere Einflussfaktoren eine Rolle spielen.

Um solche wichtigen Informationen analysieren zu können, weist das Gehirn der Knorpelfische beeindruckende olfaktorische Rezeptoren auf, die fast 50 Prozent dieses Organs ausmachen. Aber nicht alle Arten haben die Fähigkeit, die Gerüche gleichzeitig wahrnehmen und analysieren zu können. Anzahl und Verteilung der Sinneszellen sowie die Morphologie der Nasenlöcher, die einen mehr oder weniger effektiven Zu- und Abfluss ermöglichen, variieren von einer Art zur anderen. Auch sind die olfaktorischen Gehirnareale bei Hochseejägern, die riesige Strecken zurücklegen müssen, um ihre Beute zu finden, stärker ausgeprägt als bei den Arten, die die Korallenriffe bevölkern.[7] Der Weiße Hai, der durch die Weiten des Ozeans schwimmt, und der Stumpfnasen-Sechskiemerhai, der in der Tiefsee nach Kadavern sucht, haben proportional gesehen größere Geruchsorgane als der Weißspitzen-Riffhai, der in einem vor Leben wimmelnden Riffgebiet lebt.

Ohne Zweifel ist der Geruchssinn der wichtigste Sinn der „Jäger"; ob er aber auch bei der Suche nach einem Sexualpartner eine vorherrschende Rolle spielt, ist nicht sicher. Dr. Richard Johnson, der 1986 unsere Expedition zu den Marquesas-Inseln leitete, ist sich dessen jedoch gewiss. Er beobachtete bei seinen Tauchgängen oft, wie die männlichen Haie die Nase unter die Kloake der Weibchen steckten, konnte allerdings nicht endgültig nachweisen, dass das Männchen sensibel auf die Sexualpheromone einer potenziellen Partnerin reagiert.[8]

Das Wasser mit dem ganzen Körper schmecken

Neben den gustativen Sinneszellen, die sich normalerweise im Rachenraum befinden, findet man ähnliche chemische Rezeptoren überall am Körper des Hais. Er kann die Ausdünstungen, die jedes Lebewesen hinterlässt, also mit dem ganzen Körper schmecken.[9]

Bevor er sie frisst, berührt ein Hai die potenzielle Beute, selbst wenn es ein Walkadaver ist. Er erforscht die Beute mit der ganzen Haut. Der Geschmack, den er dabei wahrnimmt, ist entscheidend. Wenn er unangenehm oder fremd ist, beißt er nicht zu. Deshalb berühren besonders mutige Haie die Taucher auch. Das hat keinerlei Folgen, besonders wenn der Taucher ganz ruhig bleibt. Denn der unbekannte Geschmack seines Anzugs missfällt dem Hai, und er schwimmt weiter.

Mit dem ganzen Körper hören

Die Ohren des Hais haben keine Muschel, sie sind nur winzige, kaum erkennbare Öffnungen hinter den Augen. Vor allem das für Gleichgewicht und Orientierung zuständige Innenohr ist ausgezeichnet entwickelt, auch wenn es über kein Trommelfell verfügt. Der Hai hört mit dem ganzen Körper, und zwar mithilfe Tausender Sinneszellen, die in einem Kanal liegen, den man „Seitenlinie“ nennt. Sie verläuft vom Kopf bis zum Schwanz an jeder Flanke des Körpers, ist mit Schleim gefüllt und mit Hunderten Poren besetzt. Jede noch so kleine Welle, die durch eine Bewegung oder ein Geräusch ausgelöst wird, sorgt für eine Druckveränderung und versetzt den Hai sofort in Alarmbereitschaft. Auch Fische verfügen über ein ähnliches Sinnesorgan.

Neben der Seitenlinie verfügt der Hai über hydrodynamische Mechanorezeptoren, die überall auf dem Körper verteilt sind und das Fließen des Wassers über die Haut messen. Sie geben dem Hai das Gefühl für das angemessene Schwimmtempo und die Orientierung im Bezug zur Strömung. Diese

DIE SINNE DES HAIS

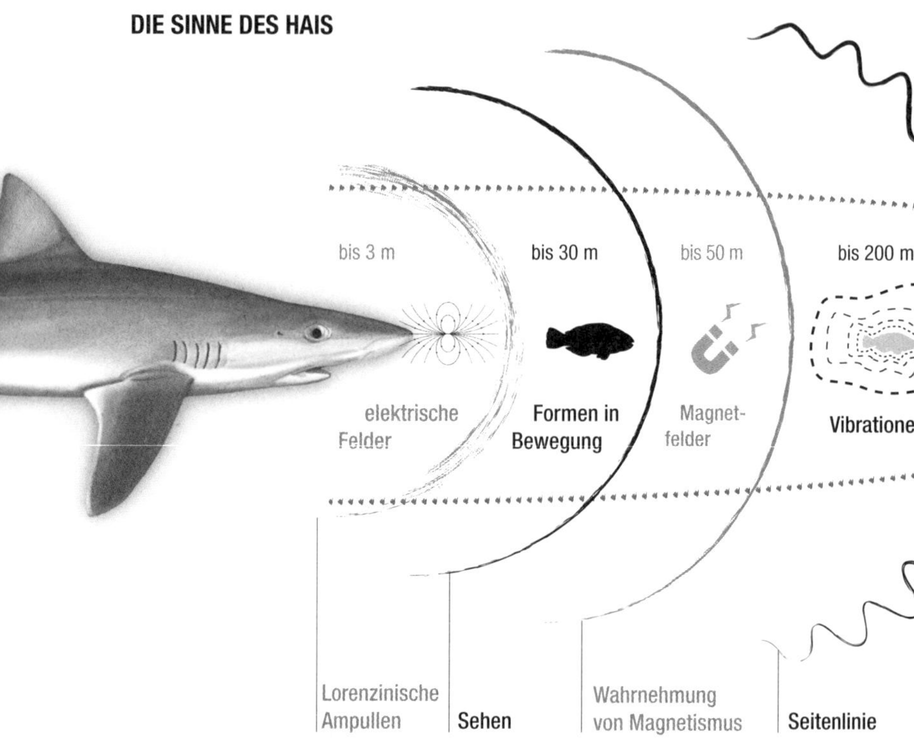

Rezeptoren ermitteln die Geschwindigkeiten des Wasserflusses in Mikrometern pro Sekunde.[10] Außerdem reagieren sie sensibel auf niederfrequente Vibrationen unter 200 Hertz, vor allem die um 40 Hertz, die unregelmäßig pulsieren. Diese niederfrequenten Wellen, die für uns Menschen nicht hörbar sind, verbreiten sich im Wasser sehr weit und sehr schnell, 4,5-mal schneller als in der Luft. Sie verbreiten sich homogen in alle Richtungen, im Gegensatz zu den Duftmolekülen, deren Auflösung von den Strömungen abhängig ist. Der Hai kann so von der chaotischen Schwimmbewegung eines verletzten Fisches alarmiert werden, selbst wenn er sich vor ihm

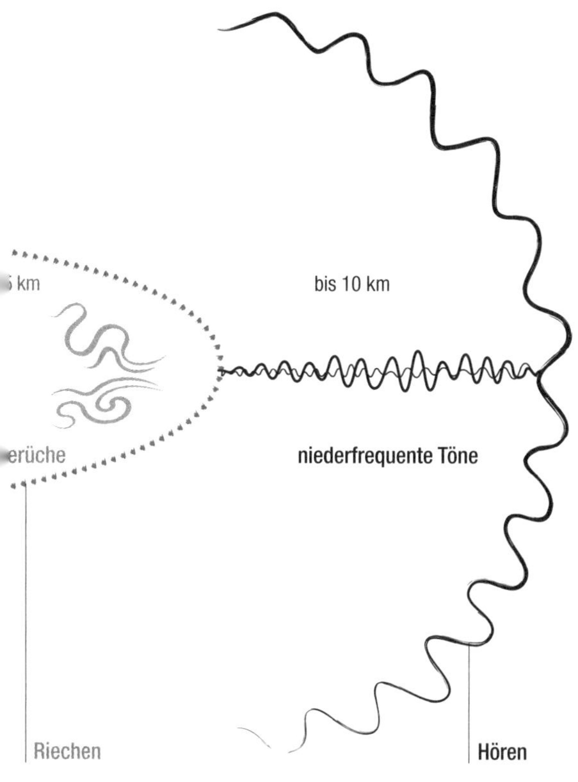

Schematische Darstellung der Reichweite der Sinneswahrnehmungen des Hais

befindet, während er den Geruch nur dann wahrnehmen kann, wenn er hinter ihm unterwegs ist. Die Seitenlinie nutzt ihm selbst dann, wenn er nach einer Duftquelle sucht, die überhaupt keine Vibration aussendet. Denn sobald der Hai die wahrgenommene Ausdünstung verliert, muss er nur nach oben steigen und dabei die Druckrezeptoren nutzen, um im Herzen der Strömung zu bleiben und die verlockend duftende Beute wiederzufinden. Experimente, die man mit Glatthaien (*Mustelus canis*) gemacht hat, haben gezeigt, dass Haie ohne ihre Seitenlinie kaum Chancen hätten, die Geruchsquelle zu finden.[11]

Auf hochfrequente und durchgängige Geräusche reagieren sie dagegen nur schwach.[12]

Dank der Gesamtheit der Druckrezeptoren verfügt der Hai über eine umfassende dynamische Kartografie aller Fische, die sich in einem Umkreis von 100 bis 200 Metern befinden, genauso differenziert und präzise wie das, was wir mit den Augen sehen können.

Die Bewegung besser sehen als die Form

Haie sind keine „visuellen Champions". Aber wenn sich der Blick eines Bullenhais oder eines Weißspitzen-Hochseehais (*Carcharhinus longimanus*) auf einen richtet, spürt man, dass er einen nicht mehr loslässt. Der dunkelgraue Augapfel bewegt sich in der Augenhöhle und wirkt, als folge er einem wie magnetisch angezogen … Auf kurze Distanz ist das Sehen für den Hai ein wichtiger Trumpf, vor allem weil seine am Rand beider Kopfseiten sitzenden Augen eine 360-Grad-Rundumsicht erlauben. Das Sichtfeld des Menschen liegt bei unter 200 Grad. Dieser Vorteil führt aber zu einer monokularen Sicht, die Entfernungen weniger genau abschätzen kann. Da sind wir Menschen mit binokularer Sicht im Vorteil. Dazu kommt, dass die Angleichung des Auges nicht, wie bei uns, auf der Modifizierung der Wölbung der Linse beruht, sondern auf der Vor- und Rückbewegung der Linse in Bezug zur Netzhaut. Alles in allem scheinen die meisten Haiarten weder in der Ferne noch in der Nähe, sondern nur auf die mittlere Distanz gut zu sehen.[13]

Im Gegensatz zu uns Menschen können Haie dank einer Schicht aus Spiegelzellen auch im Halbdunkel sehen. Diese

Zellen nennt man *Tapetum lucidum,* sie bedecken den Grund des Auges und reflektieren das kleinste Photon, um die Zellen der Netzhaut zu stimulieren. Die reflektierenden Zellen können mit schwarzen Pigmenten versehen sein, damit der Hai nicht geblendet wird, wenn er sich der durch das Sonnenlicht erhellten Wasseroberfläche nähert. Dies erlaubt ihm, sich schnell an veränderte Lichtverhältnisse anzupassen und die extreme Langsamkeit des Zusammenziehens und Weitens der Pupille zu kompensieren. Auch hier gibt es Unterschiede. Tiefseehaie haben zum Beispiel große Schwierigkeiten, sich an variierende Lichtverhältnisse anzupassen.

Der in der Meerenge von Messina nachts gefilmte Stumpfnasen-Sechskiemerhai wurde von unseren Lampen stark geblendet und schien nicht darauf reagieren zu können. Im Gegensatz dazu habe ich oft Weiße Haie erlebt, die mit dem Kopf aus dem Wasser kamen, offenbar um uns zu beobachten. Das heißt, dass sich ihre Augen gut an die Lichtverhältnisse im und außerhalb des Wassers anpassen können. Aber nichts beweist uns, dass sie außerhalb des Wassers Formen richtig erkennen können …

Leben in Schwarz-Weiß

Wie bei den übrigen Wirbeltieren besteht auch die Netzhaut der Haie und Rochen aus Zapfen und Stäbchen, Zellen, die theoretisch auch das Farbsehen möglich machen. Bei den Rochen trifft das zu.[14] Haie hingegen scheinen monochromatisch zu sehen.[15] Ihre Sicht variiert mit der Proportion der verschiedenen Netzhautpigmente: Rhodopsin (reagiert sensibel auf Blau und Grün) oder Porphyropsin (reagiert sensibel auf Rot). Tiefseehaie verfügen außerdem über ein Pigment für Dunkelblau, das Chrysopsin.

Das Auge der Grundhaie (*Carcharhiniformes*, s. S. 75 Klassifikation der Haie) ist gegen Erschütterungen durch eine weißliche „Nickhaut", ähnlich dem Lid, geschützt, die die Hornhaut von unten nach oben bedeckt. Diese weißliche Nickhaut schließt sich beim Hai, wenn er zubeißt, was das beängstigende Gefühl vermittelt, er sei blind.

Sechster Sinn

Alle Knorpelfische haben einen sechsten Sinn, der uns Menschen fehlt: die Elektrorezeption, die Fähigkeit, auch schwächste elektromagnetische Felder wahrzunehmen. Diese elektromagnetischen Felder haben zwei Ursachen: zum einen den Erdmagnetismus, den die Haie nutzen, um sich bei ihren langen Migrationen zu orientieren (s. Kapitel 7), zum anderen das elektrische Potenzial, das mit der Aktivität jedes Lebewesens verbunden ist, zum Beispiel die elektrische Aktivität von Neuronen, die Ärzte durch ein Elektroenzephalogramm sichtbar machen können, oder die der Muskelzellen des Herzens, die man in einem Elektrokardiogramm erkennt. Auf diese Weise spüren Haie und Rochen selbst ein bewegungsloses Wesen unter dem Sand auf, das für alle anderen Räuber und den Menschen nicht wahrnehmbar ist.

Diese elektromagnetischen Felder werden von Sinnesorganen entdeckt, die man „Lorenzinische Ampullen" nennt, benannt nach dem italienischen Arzt Stefano Lorenzini, der sie im 17. Jahrhundert entdeckt hat. Sie sind über den ganzen Kopf des Hais verteilt. Ihre Innenwände bestehen aus Sinneszellen,

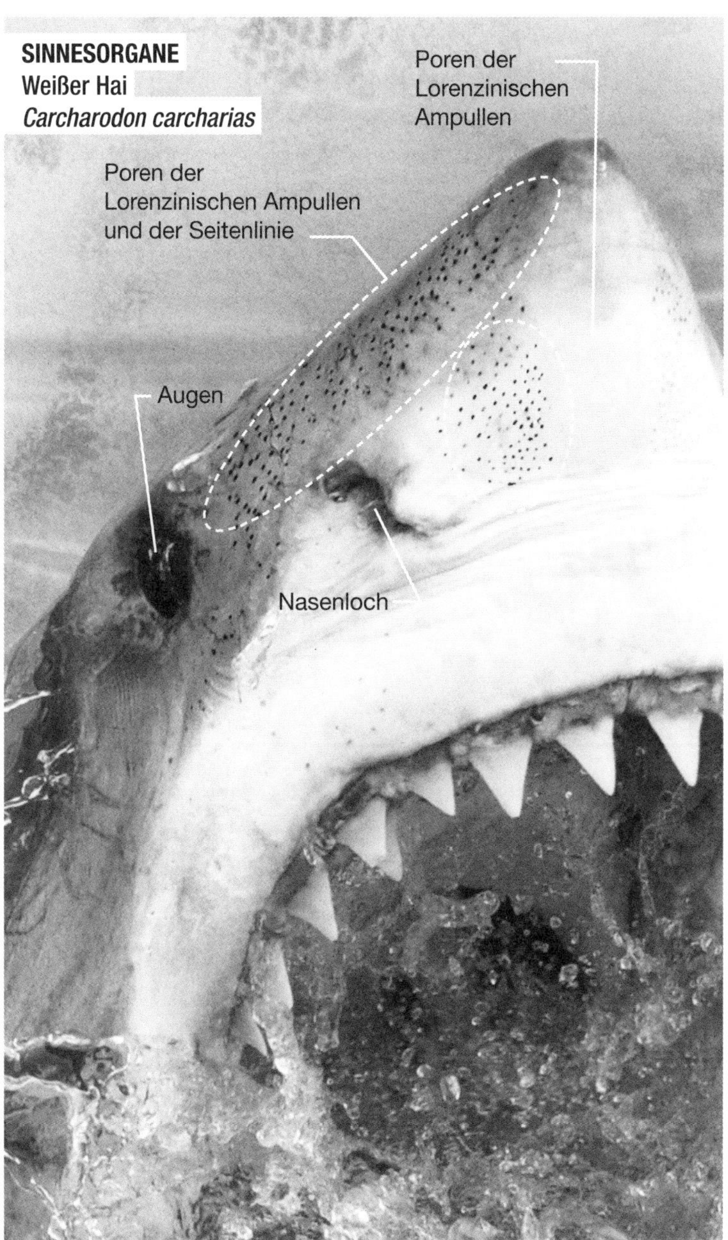

Poren der Lorenzinischen Ampullen am Kopf eines Weißen Hais

die in einer geleeartigen Masse schwimmen. Sie messen den Unterschied des elektrischen Potenzials zwischen dem Inneren des Hais und dem lokalen elektromagnetischen Feld der Erde, das als Referenz dient. Die bioelektrische Aktivität eines Lebewesens nimmt der Hai sofort als Störung wahr. Die feinsten Antennen hat die Pflugnasenchimäre. Sie hat ihre Lorenzinischen Ampullen zulasten der Duftrezeptoren ausgebildet[16] und ist eine Meisterin im Aufspüren von Würmern, Muscheln und anderen Mollusken, die sich im Schlamm verbergen.

Einer für alle, alle für einen

Die Sinne arbeiten zusammen. Die Schärfe jedes einzelnen Sinnessystems sagt für sich gesehen noch nicht viel über die tatsächlichen Wahrnehmungsfähigkeiten des Hais aus, denn die Synergie aus allen Sinnen ist weit größer als die Summe der einzelnen Fähigkeiten. Der Hai benutzt sie manchmal hintereinander, manchmal aber auch gleichzeitig. Das Sehen und als Letztes die Elektrorezeption ermöglichen die anfängliche Lokalisierung der Beute, die durch ihren Geruch oder die niederfrequenten Wellen geortet wird, die sie beim Schwimmen und beim Bewegen der Flossen aussendet. Es ist meist sehr schwierig zu sagen, welcher Sinn dabei die Hauptrolle spielt, denn durch ihre Komplementarität gleichen sie den etwaigen Ausfall eines Sinnes untereinander aus. Selbst im Moment des Zubeißens und beim Verschlingen der Beute, wenn die Berührung und die Elektrorezeption das Kommando übernehmen[17], ist diese Komplementarität immer noch nötig: Die Beute wird nur dann geschluckt, wenn sie gut riecht und appetitlich wirkt.

Obwohl jede Haiart die Nutzung der Sinne an ihre Bedürfnisse anpasst, bleibt der Geruchssinn die Nummer eins. Allerdings zeigen Versuche im Labor große Unterschiede zwischen Hochseehaien und Schalentierfressern. Der Kleine Schwarzspitzenhai (*Carcharhinus limbatus*), der pelagische Fische jagt, favorisiert erst den Geruchssinn, dann das Sehen, bevor das Seitenlinienorgan zum Tragen kommt. Der Schaufelnasen-Hammerhai (*Sphyrna tiburo*), der Krustentiere im Seegras durch Riechen aufstöbert, nutzt das Sehen und die Elektrorezeption erst beim Zubeißen und Schlucken. Auch der Ammenhai nutzt den Geruchssinn, um die Fische zu orten, die sich im Sand verborgen haben. Aber das Sehen, das Seitenlinienorgan und das Erspüren reihen sich aneinander, um die Beutejagd zu verfeinern, bis die Nahrungsaufnahme wieder die Elektrorezeption auf den Plan ruft.

Wie eine zweite Haut

Dieses Wahrnehmungsarsenal dient nicht allein dem „Räuber-Hai", sondern auch dem Hai als soziales Wesen und als Beute. Es schafft um den physischen Körper des Tieres eine Art „taktile Hülle", in die kein Fremder eindringen darf, ohne eine lebhafte Reaktion hervorzurufen, als ob der Hai tatsächlich berührt worden wäre. Diese aquatische Hülle, die man auch als Intimsphäre bezeichnen könnte, trennt die Komfort- von der Alarmzone und beträgt etwa zwei bis drei Meter rund um den physischen Körper. Die Reichweite variiert von Art zu Art, sie hängt von der Situation und auch vom einzelnen Tier ab. Im Allgemeinen berühren sich Haie nicht (vom Fressvorgang einmal abgesehen), sie streicheln sich nicht (im

Gegensatz zu den Meeressäugern) und streifen sich nicht einmal. Zwei sich begegnende Haie machen einander Platz und wahren einen gebührenden Abstand voneinander. Das Gleiche gilt für den Taucher. Wenn man Schulter an Flosse mit Haien schwimmen möchte, muss man viel Ruhe, Geduld und Respekt aufbringen, denn sie erlauben nur sehr selten das Eindringen in ihre Alarmzone. Ich hatte mehrere Male das Glück, mit Weißen Haien schwimmen zu dürfen.

Intimsphäre des Weißen Hais: Der Autor befindet sich am äußeren Rand, der Hai wird seine Richtung ändern, um den Sicherheitsabstand zu wahren.

Intimsphäre von Bullenhaien:
Der Hai wahrt einen Sicherheitsabstand zu den Tauchern, obwohl Steven Surina und der Autor sich ganz still verhalten.

Im Kopf des Hais

Wie stellt sich der Hai einen Fisch vor? Was macht für ihn einen Menschen aus? Der Herzschlag, die äußere Form? Die fremden elektronischen Wellen, die er abgibt? Die unkoordinierten Schwimmbewegungen, die ihn von den Meeresbewohnern unterscheiden? Der störende Geschmack, den er im Wasser hinterlässt, wenn er vorbeischwimmt?

Wie können wir uns in den Kopf eines Hais hineinversetzen, obwohl wir weder den Erdmagnetismus noch die elektromagnetischen Felder noch die Druckunterschiede der Umgebung wahrnehmen können?

Wie kann man die Sinneswahrnehmungen der Haie beschreiben, wenn einem die Worte dafür fehlen? Wir befinden uns in einer ganz ähnlichen Situation wie ein von Geburt an blinder Mensch, der den Sehenden die Welt erklären soll.

Schlimmer noch: Selbst wenn wir die Informationen, die ein Hai bekommt, vollständig dechiffrieren könnten, wären wir immer noch nicht in der Lage zu erklären, wie sein Gehirn sie analysiert. Sein „phänomenales Bewusstsein" lässt sich nicht auf äußere physische oder physiologische Erscheinungen reduzieren. Denn das physische und physiologische Empfinden wird im Vergleich mit dem Referenzrahmen, den man im Laufe der eigenen Geschichte erwirbt, ständig von den gemachten Erfahrungen verändert. Das phänomenale Bewusstsein ist untrennbar mit der individuellen *Umwelt* verbunden und kann mit rein physiologischen Maßstäben nicht objektiv erfasst werden.

Tatsächlich können wir uns das Universum, wie es der Hai empfindet, nur mit unserer eigenen Wahrnehmung der Welt als Referenz vorstellen.

Wie sollen wir den Hai dann verstehen? Das ist die Frage, die der Philosoph Thomas Nagel in seinem großartigen Artikel „Wie fühlt es sich an, eine Fledermaus zu sein?“[18] stellt. Darin kommt Nagel zu dem Schluss, dass wir über kein Mittel verfügen, um die Welt aus der Sicht der Fledermaus wahrzunehmen; das ginge nur, wenn wir selbst eine Fledermaus wären.

Wir werden niemals ein Hai sein. Sind wir deshalb dazu verurteilt, in einer isolierten Welt mit unüberwindbaren Grenzen zu leben? Können wir nicht vielleicht darauf hoffen, gemeinsame „Schnittmengen“ und Kommunikationswege zu finden, um miteinander zu leben? Das wird Thema von Kapitel 10 sein.

Kapitel 5

Der Persönlichkeit auf der Spur

Karibik, Playa del Carmen, 5. Dezember 2019, in 24 Meter Tiefe.

Mein Blick ist wie magnetisch angezogen auf die schier endlos scheinenden Dünen gerichtet, flache Sandwellen von wenigen Zentimetern Höhe, über deren Kämme die Strömung von Süden streicht und die sich wie auf einem Aquarell im wässrigen Blau der Tiefe verlieren. Allmählich wird mir schwindlig. Seit einer halben Stunde liege ich unbeweglich auf dem sandigen Meeresboden, neben mir Steven Surina, ein Spezialist für die Interaktion zwischen Mensch und Hai. Ich beobachte die wie verwaist daliegende Landschaft. Nichts. Nichts, was die Monotonie durchbrechen würde.

Doch plötzlich sind wir sicher, dass sie da sind, auch wenn wir sie nicht sehen können. Nicht zu erkennen, aber präsent. „Sie“ sind Hai-Weibchen, schließlich sind wir hier an der Playa del Carmen. Bullenhai-Weibchen, um genau zu sein, massige Körper mit runden Bäuchen, auf den ersten Blick nicht gerade attraktiv. Doch wir sind eher erleichtert, schließlich warten wir inzwischen seit sechs Tagen und doppelt so vielen ergebnislosen Tauchgängen.

In der Ferne zeichnet sich eine Silhouette ab, 2,5 Meter lang, 150 Kilo schwer: Das ist Ana. Sie schwimmt langsam, aber zielstrebig auf uns zu, wechselt nicht die Richtung. Ohne zu zögern, bremst sie Stella aus, ein weiteres ausgewachsenes Weibchen, das sich um 90 Grad dreht und verschwindet. Ana

Ana, das Bullenhaiweibchen, schwimmt in Playa del Carmen zielstrebig über den Meeresboden. Man erkennt sie an der dunklen Färbung, die sich bis unter den Ansatz der Brustflosse fortsetzt.

Körperliche Besonderheiten erleichtern die Identifikation bestimmter Bullenhaie in den Gewässern vor Playa del Carmen.

und Stella sind gleich groß, trotzdem dominiert Ana. Über die unterschiedlichen Charaktere der beiden gibt es keinen Zweifel, auch nicht über ihre Risikobereitschaft: Während Stella uns zu meiden scheint, kommt Ana direkt auf uns zu. Wie lange haben Steven und ich von diesem Moment geträumt! Wir drücken uns noch flacher auf den Boden, um weniger bedrohlich zu erscheinen, um Ana nicht zu verunsichern, um ihre Intimsphäre (s. QR-Code Kapitel 4 auf S. 113) nicht zu verletzen, damit sie im letzten Moment nicht doch noch die Richtung ändert. Wir halten den Atem an.

Ich vermeide sogar den direkten Blickkontakt. Unsere defensive Strategie scheint aufzugehen, ihre Sinne sind nicht in Alarmbereitschaft, die Neugier ist stärker als der Verteidigungsmechanismus. Sie kommt näher. Wir machen uns noch kleiner. Ana schwimmt genau über mich hinweg. Der Moment ist unbeschreiblich.

Ich erkenne ihre dunkle Färbung, die sich unter dem Ansatz der Brustflosse fortsetzt. Ihre linke Bauchflosse ist geteilt. Diese beiden Merkmale unterscheiden Ana von den anderen Weibchen. Ayaté dagegen hat eine sehr hohe und gerundete Rückenflosse, die sie von Wave unterscheidet, deren Rückenflosse an der Spitze amputiert ist. Martine (auch Carlota genannt) wiederum hat eine sichelförmig eingeschnittene Schwanzflossenspitze. Diese körperlichen Besonderheiten erleichtern das Wiedererkennen der etwa 40 Tiere, die jedes Jahr zwischen November und März in den Gewässern vor Playa del Carmen unterwegs sind (s. QR-Code zum Thema Persönlichkeit der Bullenhaie).

Steven, der seit 2013 mit ihnen schwimmt, kann sie sogar an ihrem Auftreten auseinanderhalten, an ihrer Position im Wasser, ihrem Verhalten gegenüber Artgenossinnen. „Jeder Hai hat seine eigene Persönlichkeit", sagt er mit glänzenden Augen. Steven ist glücklich. Er möchte der Welt so gerne zeigen, dass diese friedlichen Bullenhaie etwas Besseres verdienen als den blinden Hass der Menschen. Er möchte zeigen, dass man ihnen ganz nahe kommen und sogar ihre Codes verstehen kann. Er möchte ein Hai unter Haien sein, in sie hineinschlüpfen, um die Welt mit ihren Augen zu sehen.

„Eine ‚Persönlichkeit' bei einem Hai, gibt es das? Gut, vielleicht bei Affen, aber bei Plattenkiemern? Das soll wohl ein Scherz sein!", widersprechen die Verhaltensbiologen heftig, die

Rochen, Haie und andere „primitive“ Wirbeltiere für Lebewesen ohne Identität halten, die standardisiert auf die verschiedenen Stimuli der Umwelt reagieren. Doch wie wir Menschen haben alle Lebewesen inzwischen 3,8 Milliarden Jahre Evolution hinter sich, wie Coralie Schaub in ihrem 2020 erschienenen Buch über die Versöhnung des Menschen mit der Wildnis beschrieben hat.[1]

Ist Steven von den Haien so fasziniert, dass er sein Urteilsvermögen verloren hat? Nein! Denn genau wie er bin auch ich nach einigen Hundert Tauchgängen mit Haien und Rochen überzeugt, dass jeder einzelne eine eigene Identität hat, eine Art Persönlichkeit, wie es Éric Clua schon seit 2010 behauptet. Er hat signifikante Unterschiede im Jagdverhalten innerhalb einer Population Weißer Haie festgestellt.[2]

Aber welche objektiven Elemente machen diese Persönlichkeit aus, wie kann man sie definieren?

Der verliebte Rochen

Jeder Taucher hat irgendwann ein Schlüsselerlebnis, das seine Überzeugungen ins Wanken bringt. Mir hat die Begegnung mit einem Mantarochen (*Mobula alfredi*) am 15. März 1990 im Meer vor den Mentawai-Inseln nahe Sumatra einen solchen Wendepunkt beschert. Einige Stunden später schrieb ich in mein Tagebuch: „Heute Morgen war ich allein im Wasser. Das Manta-Weibchen ist vor mir aufgetaucht, in ihrer typischen Färbung, schwarz mit weißem Bauch. Diese eine Tonne schwere Gigantin hatte die wunderbare Anmut eines Albatros, die Präzision einer Schwalbe und die Majestät eines Steinadlers. Sie glitt mühelos durchs Wasser, das Element, das mich bremste, schien sie voranzutreiben. Ich machte mich ganz klein, um sie nicht zu erschrecken. Denn schon bei der kleinsten Irritation, der geringsten Bewegung verschwindet sie. Vor allem fürchtet sie Körperkontakt. Trotzdem kam sie näher und hat zu tanzen begonnen, sich auf den Rücken gedreht, dann auf die Seite. Sie zog immer engere Arabesken, wie um mich zu hypnotisieren. Dann hat sie mich mit dem Flügel berührt und mir erlaubt, sie zu streicheln. Noch immer fürchtete ich, den magischen Moment zu zerstören, aber ich riskierte es und fuhr mit der Hand über ihre raue und zugleich zarte Haut, die sich wie sehr feines Schleifpapier anfühlte. Sie drehte noch eine weite Schleife, entfernte sich, kehrte um und tauchte wieder vor mir auf. Ich streichelte sie noch einmal, diesmal verschwand sie mit einer Walzerdrehung. Das ging eine ganze Weile so. Und als ich nach oben musste, weil ich keine Luft mehr hatte, kam sie hinter mir her und versuchte mich mit ihren Flügeln wie in ein Cape einzuhüllen. Zwei Purzelbäume zum Abschied und sie verschwand endgültig in der blauen Weite."[3]

Die meisten wechselwarmen Tiere wie Reptilien, Amphibien und Fische sind in unseren Augen nur gut zum Eierlegen oder dazu, gefangen, getötet und verspeist zu werden. Aber was wissen wir eigentlich über ihr Verhalten? Meist denken wir in Stereotypen, die sie auf ein Ziel reduzieren: überleben, um sich fortzupflanzen. Jede Aktion kann nur angeboren und auf Effizienz gerichtet sein. Aber wir wissen auch, dass es Verhaltensweisen gibt, die keinen unmittelbaren Nutzen zu haben scheinen, die nur Zeit und Energie verbrauchen.

Verhalten sich Wechselblüter wie Automaten?

In den folgenden Jahren habe ich oft unsere warmblütigen Verwandten wie Delfine und Wale beim übermütigen Spielen oder Balgen um eine Alge oder einen Baumstamm beobachtet.[4] Dabei drängte sich mir die Frage auf: Wie komplex muss ein Lebewesen sein, damit es sich spielerisch verhalten kann, also handelt, ohne dass eine existenzielle Notwendigkeit dafür besteht? Ab wann sind Lebewesen „minderwertige" Automaten, denen es nur ums Überleben geht? Wo ist die Grenze? Ist es ein Mangel an Aufmerksamkeit, der uns glauben lässt, dass kaltblütige Wirbeltiere in ihrem standardisierten Verhalten alle gleich sind? Schauen wir womöglich nicht gut genug hin? Gab es überhaupt schon einmal den Versuch, ihre Identität zu ergründen, ihre Innovationskraft und ihre Fähigkeit, eine Persönlichkeit auszubilden?

Der Evolutionsbiologe Gordon Burghardt hat „Spiel" wie folgt definiert: „Jedes Verhalten, das nicht für das Überleben notwendig ist, nur um seiner selbst willen geschieht, ohne Stress, das Zeit und Energie braucht, die nicht mehr für das Überleben zur Verfügung stehen".[5] Er sieht im Spiel den Motor für die Ausbildung einer Persönlichkeit und der Innovation. Diese Fähigkeit gesteht er nicht nur Säugetieren und Vögeln, sondern auch Amphibien zu. Und was ist mit Haien und Rochen?

Die Neurowissenschaften zeigen heute immer deutlicher, wie stark die Wahrnehmungsfähigkeit im Tierreich ausgeprägt ist; auch Sensibilität und Emotion spielen eine wichtige Rolle. Selbst die Plattenkiemer scheinen die nötigen neuronalen Fähigkeiten zu haben, dem Joch des Vorgegebenen „zu entfliehen"[6]. Der Mantarochen (*Mobula birostris*) zum Beispiel hat das größte Gehirn aller Knorpelfische. Und der Japanische Teufelsrochen (*Mobula japanica*) verfügt über ein Großhirn, das 61 Prozent seiner gesamten Hirnmasse ausmacht.[7]

Fischen im Verbund

Diese riesigen Rochen, die mehr als sieben Meter Spannweite haben können[8] und deren Lebensdauer mehrere Jahrzehnte beträgt, ernähren sich von Plankton, das sie durch ihre mit Reusen besetzten Kiemen filtern, die wie die Zähne eines Kamms funktionieren. Um die Jagd auf die winzigen Organismen zu optimieren, entfaltet der Mantarochen zwei regenrinnenartige Fortsätze an seinem Maul und dreht sich um sich selbst, um einen Wirbel zu erzeugen, in dem sich das Plankton verfängt. Aber meistens arbeiten dabei mehrere Mantas zusammen, einer über dem anderen. Die weit aufgerissenen Mäuler wirken fast wie eine Armada aus Fischkuttern und lassen dem Plankton keine Chance. Die Mantas arbeiten im Team, damit alle ausreichend Nahrung bekommen und dabei so wenig Energie wie möglich verbrauchen.

In der Hanifaru Bay (Baa Atoll, Malediven) habe ich im August 2017 gemeinsam mit meiner Frau Véronique zwei Stunden lang einem solchen dantesken Festmahl zugesehen. Es waren zehn, 20, 50 dieser Riesenrochen, einer nach dem anderen tauchte in diesem grünlichen Wasserparadies auf, in dem es Plankton im Übermaß gibt. In einer langen Formation, leicht versetzt, einer über dem anderen, wirkten die Mantas wie ein gigantisches Fabelwesen mit mehreren Mäulern, die alles in sich einsaugten, was ihnen entgegenkam. Dabei konnte man das perlmuttartige Velours ihrer eingeschnit-

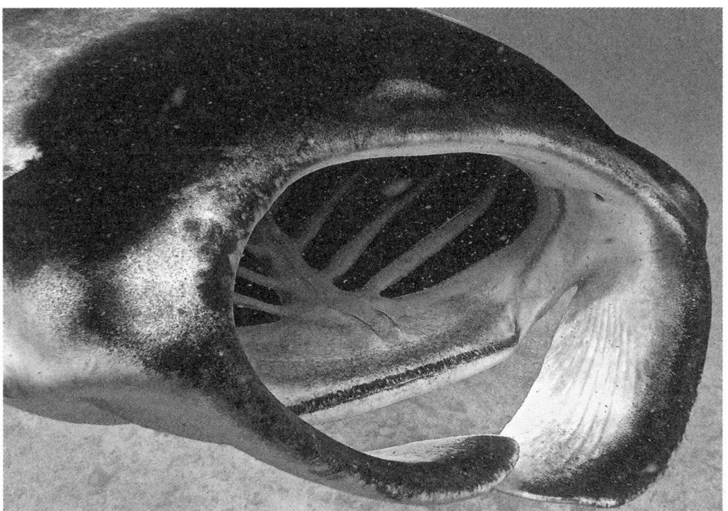

Weit offenes Maul des Mantarochens. Die beiden Hörner am Kopf (zwei regenrinnenartige Fortsätze am vorderen Ende) formen einen Trichter, um das Plankton (hier weiße Punkte) zu den Kiemenspalten zu leiten.

tenen Kehlen zwischen den fünf Kiemenspalten erkennen. Sie schwammen eng an uns vorbei und zogen ihre riesigen Flügel erst im letzten Moment zurück, um uns nicht zu berühren. Die schwarzen Rücken und die weißen Bäuche rollten sich in sich zusammen, um mit der Strömung nach oben zu steigen und dann wiederzukommen. Ein faszinierendes Ballett, alles schien einer Ordnung zu gehorchen. Die Rochen bewegten sich im Verbund, in rhythmischen Bewegungen, im richtigen Abstand, mit dem Ziel, den Planktonfluss zu optimieren, damit jeder einzelne davon profitieren konnte.

Zwei Stunden sind zu kurz, um die Rochen auseinanderzuhalten, die Leittiere, die Begleiter und die Treiber auszumachen und unsere Hypothesen über die Gruppenorganisation zu untermauern. Robert Perryman und sein Team hingegen haben sich fünf Jahre lang mit dieser Frage beschäftigt und mehr als 500 Mantarochenverbände in den Gewässern vor Papua-Neuguinea beobachtet. Bei ihren Fressgelagen, aber auch beim Sich-Putzen und anderen eher intimen Tätigkeiten. Sie haben die sozialen Verbindungen aufgedeckt, die diese Gruppen strukturieren, und Seelenverwandtschaften identifiziert, die einzelne Tiere miteinander verbanden, aber auch ausgeprägte Charakteristika, die jedes einzelne Tier ausmachten.[9]

Soziales Netz

Bei den Haien sind die „Charakter"-Eigenschaften je nach Art unterschiedlich stark ausgeprägt. Das erleben Taucher bei jedem Tauchgang. Um eine Gruppe Bogenstirn-Hammerhaie nicht zu verschrecken, muss man ausgesprochen vorsichtig sein, während, wie uns Jean-Jacques Cousteau an Bord der *Calypso* gerne erzählte, „der Weißspitzen-Hochseehai der Einzige ist, der keine Angst vor Tauchern hat. […] Derjenige, dessen Neugier und Selbstsicherheit Didi [Frédéric Dumas] und mich aus dem Wasser getrieben haben"[10]. Aber auch innerhalb einer Art, in einer einzigen Population, gibt es Unterschiede. Wir haben beobachtet, dass jeder Bullenhai der kleinen Population an der Playa del Carmen seinen eigenen Charakter hatte. Stella verhielt sich anders als Ana, als Martine, Wave oder Julia … Was für die Großen gilt, gilt auch für die Kleineren. Evan Byrnes hat gezeigt, dass jeder Port-Jackson-Stierkopfhai (*Heterodontus portusjacksoni*) auf seine Weise auf etwas Unbekanntes reagiert.[11] Manche sind eher schüchtern, während sich andere neugierig auf ein Abenteuer einlassen. Gleiches lässt sich bei den Zitronenhaien (*Negaprion brevirostris*) feststellen. Es gibt schüchterne, mutige, neugierige Forscher, gelassene und hyperaktive. Manche bevorzugen das Leben in der Gruppe, andere dagegen sind ihren Artgenossen gegenüber aggressiv. Jedes Individuum zeigt eine Kombination von Charakteristika, die man durchaus als Identität bezeichnen kann.[12]

Diese Charakterunterschiede sind die Basis für die Hierarchie innerhalb des Haischwarms; es bildet sich ein elementares soziales Netz, das man als „Fission-Fusion-Gesellschaft" bezeichnet. Einige wählen diejenigen aus, mit denen sie zusammen sein wollen, und spielen im Beziehungsgeflecht innerhalb der Gruppe eine vorherrschende Rolle.[13] Die Beziehungen sind jedoch wesentlich weniger komplex und dauerhaft als bei Walen, speziell den Pottwalen.[14] Doch auch manche Haie unterhalten lange und enge Beziehungen. Johann Mourier hat gezeigt, dass in der Population der Schwarzspitzen-Riffhaie (*Carcharhinus melanopterus*) in der Lagune der Insel Moorea einige nicht miteinander verwandte Tiere engere Beziehungen untereinander pflegen als mit anderen, die sie ebenfalls täglich treffen.[15] Diese Erkenntnisse werfen eine Fülle von Fragen auf, die im Moment noch niemand beantworten kann: Bilden Haie bewusst unterschiedliche Beziehungsformen aus? Haben sie Gefühle? Einfühlungsvermögen? Belastet es sie, wenn sie von Tieren getrennt werden, zu denen sie Beziehungen unterhalten? Auf jeden Fall kann man diese Thematik nur dann verstehen, wenn man die Vorstellung akzeptiert, dass jeder Hai außer seiner genetischen Identität auch über eine Persönlichkeit verfügt …

Identität, Persönlichkeit

Zunächst einmal muss geklärt werden, was man unter „Persönlichkeit“ versteht. Jeder Hai besitzt wie jedes andere Lebewesen auch seine genetische Identität, das heißt, Potenziale für Wahrnehmung, Analyse usw. Auf dieser Basis entwickelt sich die Persönlichkeit. Persönlichkeit ist eine *dynamische* Konstruktion, die sich ständig verändert und auf die permanente dialektische Bereicherung durch die *Umwelt* stützt. Man macht eine Erfahrung, auf die man mit den vorhandenen Fähigkeiten antwortet. Die Erfahrung führt zu einer Veränderung, und diese Veränderung hat wiederum Auswirkungen, zum Beispiel auf die Umwelt. Zwillinge verfügen über die gleiche genetische Identität, aber sie entwickeln auf der Basis ihrer persönlichen Erfahrungen zwangsläufig unterschiedliche Persönlichkeiten, die einen mehr, die anderen weniger.

Da Haie nach der Geburt von ihrer Mutter verlassen werden, erfahren sie, anders als die Wale, keinerlei Erziehung durch ihre Eltern. Auch der Einfluss ihrer Artgenossen ist gering, da soziale Kontakte eher selten sind. Glücklicherweise werden die meisten Haiarten ziemlich alt und haben die Chance, genug eigene Erfahrungen zu machen. Um aus seinen Erfahrungen zu lernen, braucht man natürlich ein gutes Gedächtnis.

Haben Haie ein gutes Gedächtnis, sind sie lernfähig? Es gibt wenige Studien, die nach der Antwort auf diese Frage suchen. Vera Schlüssel und ihre Kollegen haben gezeigt, dass Graue Bambushaie (*Chiloscyllium griseum*) in Gefangenschaft lernen, unterschiedliche Formen zu erkennen, wenn man sie danach mit Nahrung belohnt. Die Lernfähigkeit ist allerdings sehr unterschiedlich: Manche Tiere konnten sich die Formen mehr als 50 Wochen lang merken, andere schafften es nie.[16]

Johann Mourier fand heraus, dass die Schwarzspitzen-Riffhaie, nachdem sie einmal gefangen worden waren, das nächste Mal wachsamer waren. Sie hatten sich ihren Fehler gemerkt und aus ihrer bitteren Erfahrung gelernt.[17]

Dieses Lernen ist besonders in der Phase wichtig, wenn das Jungtier zum Erwachsenen wird und sein Nahrungsverhalten verändert. Der Weiße Hai zum Beispiel ernährt sich in der Jugend nur von kleinen Fischen. Sobald er etwa drei Meter lang ist, wird seine Nahrung vielseitiger, er frisst auch kleinere Haie und Robben.[18] Jeder Hai testet seine eigene Jagdstrategie und passt sie an, völlig unabhängig von seinen Artgenossen.[19] Während einer kurzen Sturm-und-Drang-Zeit probiert der Weiße Hai alles aus. Éric Clua vermutet sogar, dass ein Weißer Hai, der in dieser Zeit Kontakt zu einem Menschen hat, sich nicht nur an ihn erinnert, sondern ihn auch als potenzielle Beute ansieht und eher versuchen wird, ihn zu beißen.[20] Allerdings nimmt die Experimentierfreude mit zunehmendem Alter ab, die Lernfähigkeit und damit die Entwicklung einer Persönlichkeit sind nicht mehr so ausgeprägt.

Komplexität der Umgebung und Ausdruck der Persönlichkeit

Bei intensiver Beschäftigung mit Haien stellt man fest, dass sie individuell verschieden sind und nicht den pauschalen Vorstellungen entsprechen, die bis heute vorherrschen.[21] Kátya Gisela Abrantes zeigt, dass kein Breitnasen-Siebenkiemerhai (*Notorynchus cepedianus*) in seinem Verhalten dem anderen gleicht, jeder einzelne scheint seinen eigenen Kopf zu haben. Auch innerhalb derselben Population handelt jeder nach seiner Fasson und entscheidet, insbesondere über seine Nahrungsauswahl, selbst.[22]

Je komplexer und dynamischer ein Ökosystem ist, je mehr – natürlichen oder menschengemachten – Einflussfaktoren es unterworfen ist, desto stärker prägen sich individuelle Unterschiede und Persönlichkeiten aus.[23] Die Überfischung der Ozeane durch den Menschen zwingt den Hai dazu, sich neue, oft ganz ungewohnte Nahrungsquellen zu suchen. Auch hier gibt es innerhalb der Population große Unterschiede. Die Wagemutigsten und Experimentierfreudigsten heben sich deutlich von ihren Artgenossen ab. Neue Nahrungsgewohnheiten und veränderte ökologische Vorlieben können auf lange Sicht zu einer Spaltung innerhalb einer Art führen, ja sogar Ausgangspunkt für die Entwicklung einer neuen sein. Diese sogenannte Speziation bedeutet, dass eine Population sich durch physiologische Isolation in zwei reproduktiv isolierte Populationen aufspalten kann.

Das Spiel, der Motor der Evolution

Die Experimentierfreude, die zur Ausbildung einer Persönlichkeit führen kann, stößt allerdings an Grenzen: Sie scheint nur durch den Überlebenswillen motiviert zu sein, der Suche nach Nahrung oder nach Verstecken, um sich vor Feinden zu schützen. Diese Motive sind streng „utilitaristisch" und weniger stimulierend als das freie Forschen durch „absichtsloses" Spielen[24], bei dem alles möglich ist. Bis heute konnte noch niemand zeigen, dass Haie aus Spaß an der Freude oder reiner Neugier etwas erforschen. Niemand hat einen Hai jemals spielen sehen. Man weiß nicht, wie die Haie ihre „Freizeit" gestalten, wenn sie sich nicht gerade um Nahrung oder den Schutz vor Feinden kümmern müssen. Vielleicht ist das der Grund, warum Zitronenhaie, trotz ausgeprägter Persönlichkeit und Diversität, nur wenig Anpassungsfähigkeit und kaum Improvisationstalent zeigen.[25] Der Hai wird in der Tat nur dann neugierig, wenn es um die Erweiterung der Nahrungspalette geht. Neugier an sich, die zum Beispiel die Wale zeigen, hat keinen unmittelbaren Nutzen. Während acht Jahren Unterwasserforschung an der Westküste der Insel Mauritius, bei der wir immer dieselbe Gruppe Pottwale beobachtet haben, sind uns wiederholt Jungtiere, aber auch Erwachsene begegnet, die mit schwimmenden Objekten spielten, unser Boot erforschten und aus reiner Neugier in unserer Nähe blieben. Diese stressfreien Erkundungen, die nichts mit dem Überleben zu tun haben, können Stunden dauern; die Tiere sind dabei allein oder in der Gruppe. Nichts und niemand zwingt sie, sie haben auch kein unmittelbares Ziel. Was die Pottwale dabei lernen, brauchen sie vielleicht nie, aber es kann durchaus sein, dass ihnen diese Erfahrungen irgendwann später in überraschenden Situationen von Nutzen sind.

Die Geschichte von Pottwal Eliot, der bei Tauchern Hilfe suchte, um sich den Angelhaken entfernen zu lassen, der ihn verletzt hatte, ist dafür ein gutes Beispiel. Eliot erinnerte sich an die Menschen, mit denen er gespielt hatte, um sich Jahre später von ihnen helfen zu lassen.[26] Seinem Artgenossen Arthur war das gleiche Missgeschick passiert. Er war schüchtern und den Tauchern gegenüber äußerst distanziert und hatte tagelang den Angelhaken im Maul, ohne um Hilfe zu bitten. Durch individuelle Erfahrungen hatten sich zwei unterschiedliche Persönlichkeiten herausgebildet.

Bewusstsein und Selbstwahrnehmung

Verfügen Haie und Rochen über die Fähigkeit der Selbstwahrnehmung? Können sie Andersartigkeit wahrnehmen? Die Forscherin Csilla Ari hat bei zwei Mantarochen den berühmten Spiegeltest durchgeführt, bei dem ein Spiegel ins Sichtfeld eines Testtiers oder einer Testperson platziert und ein künstliches Merkmal am Körper angebracht wird. Ohne Erfolg. Csilla Ari sieht dennoch das ungewöhnliche Interesse, das die Rochen an ihrem Spiegelbild zeigten, als Anzeichen einer gewissen Selbstwahrnehmung.[27] Doch dieser Test wurde für Tiere konzipiert, deren wichtigster Sinn das Sehen ist. Ob er bei Tieren, für die das Sehen eher zweitrangig ist, ebenfalls aussagekräftig ist, darf bezweifelt werden. Warum sollten sie Interesse an ihrem Spiegelbild haben?

Versuchen wir es mit der Definition von Bewusstsein bei Tieren, die Pierre Le Neindre im Bericht der European Food Safety Authority (EFSA) gibt: „Die Fähigkeit des Individuums, über sich selbst zu reflektieren, ist ein biologisches Phänomen."[28] Nun kann aber der Hai durchaus Schmerz im Sinne einer unangenehmen Wahrnehmungserfahrung empfinden, das bedeutet, dass er, zumindest in diesem Zusammenhang, über sich selbst reflektieren kann und sich seiner selbst und seiner Umgebung bewusst ist …

Wenn ein Lebewesen über die Fähigkeit verfügt, sich selbst als von seiner Umwelt getrennt wahrnehmen zu können, kommt man bei nüchterner Betrachtungsweise zu dem Schluss, dass dieses Bewusstsein nicht monolithisch ist. Es ist kein „Ganz oder gar nicht"-Phänomen, sondern reicht von der Möglichkeit, sich als getrennt von der Umgebung wahrzunehmen, bis zum Bewusstsein, dass auch die anderen ein

Bewusstsein haben (Theory of Mind). Neurobiologen sprechen lieber von einem verzweigten Bündel von Kompetenzen, aus denen dieses Bewusstsein besteht. Es äußert sich mehr oder weniger deutlich, weil es sich auf mehr oder weniger komplexe Wahrnehmungssysteme und Analysefähigkeiten „empfangener Bilder" stützt, die ebenso variantenreich sind … Folglich lässt sich sagen: „Es gibt ebenso viele Bewusstseinsformen wie Individuen."

Trotzdem ahnt man, dass das Bewusstsein des Hais, genau wie zum Beispiel das der Schnecke, nicht die gleichen Fähigkeiten aufweist wie das des Menschen. Doch bis heute können wir den Grad der Unterschiedlichkeit nicht messen. Und das Fehlen eines Beweises ist keinesfalls der Beweis dafür, dass diese Tiere kein Bewusstsein haben. Vielleicht haben wir einfach nur (noch) nicht die Möglichkeiten, das Bewusstsein der Haie, Schnecken oder Insekten zu messen. Vielleicht suchen wir in der falschen Richtung, stellen uns nicht die richtigen Fragen, um einer andersartigen Form des Bewusstseins auf die Spur zu kommen. Vergessen wir nicht, dass man bis 1987 glaubte, der menschliche Säugling könne in den ersten Lebensmonaten weder Schmerz noch Leid empfinden, weil die Ärzte das damals noch nicht messen konnten.

Die Gedanken des anderen verstehen?

Bis heute gibt es keine Beweise dafür, dass ein Hai die Gedanken eines anderen verstehen, sich mit ihm zusammentun und eine gemeinsame Handlung vornehmen kann.

Der Naturforscher Russell J. Coles berichtet jedoch von einem Erlebnis, das er im offenen Meer vor Cape Lookout in

North Carolina hatte. Er beobachtete Sandtigerhaie (*Carcharias taurus*), die einen Schwarm Blaufische (*Pomatomus saltatrix*) jagten; perfekt koordiniert drängten sie die Beute in Richtung Ufer … Ein solches Verhalten setzt voraus, dass die Haie die Fluchtrichtung der flinken Blaufische antizipierten und das Vorgehen der Mitjäger vorwegnehmen konnten. Dieses Jagdverhalten ist wesentlich komplexer als das „Fischen im Verbund" der Mantarochen, die nur eine bestimmte Formation bilden, ohne die Bewegungen der anderen antizipieren zu müssen.

Noch außergewöhnlicher war das Erlebnis von Tauchern vor der Küste Argentiniens. Sie haben dort Spitzkopf-Siebenkiemerhaie (*Heptranchias perlo*) beobachtet, die in der Gruppe Schwarzdelfine (*Lagenorhynchus obscurus*) jagten, die sehr viel lebhafter und kräftiger sind als sie. Diese Art der Jagd verlangt Kooperation, Konzentration und das Antizipieren der Bewegungen der anderen, ohne über Geräusche kommunizieren zu können (Haie geben keine Geräusche von sich). Können Haie etwa die Gedanken anderer verstehen wie Delfine und Orcas?

Niemand weiß, ob Haie über Empathie verfügen, die Fähigkeit, sich in einen anderen hineinzuversetzen, mit anderen mitzuleiden oder sich mit ihnen zu freuen … Auch Spiegelneuronen, die offenkundig für die Empathiefähigkeit zuständig sind, hat man bei ihnen nicht nachgewiesen. Es gibt keine Anzeichen für gegenseitige Hilfe, Altruismus oder ein besonderes Interesse an bestimmten Artgenossen, weder im engeren noch im weiteren Umfeld.

Der Hai scheint auch nicht zur Metakognition fähig zu sein, der Fähigkeit zu wissen, dass man etwas weiß, sich seines Bewusstseins bewusst zu sein, vor allem aber auch seine

Grenzen zu erkennen. Auch hier ist ein Vergleich mit den anderen Königen der Meere, den Walen und Delfinen, interessant. Der Große Tümmler (*Tursiops truncatus*) zum Beispiel ist sich sehr wohl bewusst, was er kann und was nicht. Je schwerer die Aufgaben werden, desto häufiger verweigert der Delfin eine Entscheidung oder wählt eine neutrale Lösung. Das bedeutet, dass er sich seiner Grenzen und Möglichkeiten sehr wohl bewusst ist.[29]

Erfahrung weitergeben

Die Kultur scheint nicht zur Welt der Plattenkiemer zu gehören. Eine Fortentwicklung ist höchst unwahrscheinlich, weil es keine elterliche Erziehung und intergenerationelle Weitergabe gibt und auch die Beziehungen zwischen Individuen eher instabil sind. Trotzdem könnte es eine ungewollte Weitergabe erworbenen Wissens durch Nachahmung geben, auch bei nicht-sozialen Tieren. Darauf weisen die Experimente hin, die Tristan Guttridge mit Zitronenhaien[30] und Catarina Vila Pouca mit Port-Jackson-Stierkopfhaien gemacht haben. Diese Haie sind als Jungtiere Einzelgänger, bilden jedoch bei bestimmten Gelegenheiten Gruppen.[31] Catarina Vila Pouca hat „unwissende" Tiere und solche, die einen bestimmten Parcours zur Nahrung gelernt hatten, zusammengebracht. Die „Unwissenden" übernahmen das Wissen der Artgenossen, indem sie sie imitierten. Sie waren auf alle Fälle wesentlich erfolgreicher als Haie, die kein Vorbild hatten. Aber auch hier zeigten sich Unterschiede in den Lernfortschritten: Manche Haie nutzten das Wissen ihrer Artgenossen, die das Training durchlaufen hatten, und veränderten ihr Verhalten nachhaltig. Andere hatten nur dann Erfolg, wenn ein Artgenosse sie führte, allein scheiterten sie.

Es kann demnach eine Übertragung von Wissen durch Imitation innerhalb einer Gruppe geben, die sich formt und wieder trennt (Fusion-Fission). Diese Zusammenschlüsse von Individuen unterschiedlichen Alters erlauben theoretisch eine intergenerationelle Weitergabe. Es ist demnach nicht ausgeschlossen, dass sich Veränderungen im Verhalten verbreiten und innerhalb einer ganzen Population erhalten werden können. Aber deswegen von Kultur zu sprechen …

Kapitel 6

Der Hai und sein Platz in der Rangordnung

2. Juli 2005, in den Küstengewässern der Provinz Eastern Cape, Südafrika. Ein anstrengender Tag bei hohem Wellengang im Indischen Ozean. Mehr als 80 quälend lange Seemeilen an Bord unseres Schlauchboots, mehr als zehn Stunden vergebliches Ausschauhalten nach … einem Schwarm Sardinen. Dafür suchen wir zunächst nach Vogelschwärmen, die sich natürlich immer dort aufhalten, wo Fische sind. Endlich sehen wir sie, hoch oben am Himmel, Hunderte von Kaptölpeln (*Morus capensis*) ziehen ihre Kreise, krächzen und stürzen sich dann urplötzlich ins Wasser. Wir sind mittendrin. Schreie, Aufprallgeräusche, gischtendes Wasser, Flügel kämpfen gegen die Wellen, dann steigen die Vögel wieder nach oben. Wir hoffen, unter der Wasseroberfläche den Frieden wiederzufinden. Aber dort herrscht das gleiche Chaos, nur gedämpfter. Millionen von Sardinen formen einen kompakten Schwarm und wirbeln herum, die Vögel durchbrechen explosionsartig die Wasseroberfläche und greifen immer wieder an. Wir können die Vibrationen der Einschläge regelrecht spüren. Doch die Tölpel sind nicht die Einzigen vor Ort. Sie sind eher nur die Gäste am Tisch der Delfine, die die Sardinen in den Tiefen des Meeres aufgespürt haben. Wie Schäferhunde haben die Delfine den riesigen Schwarm geteilt und einen Teil eingekreist, bevor sie ihn an die Oberfläche gedrängt haben. Um sich vor den Angriffen der Räuber zu schützen, drängen sich die Sardinen dicht zusammen und

bilden eine kompakte Einheit, ein wirbelndes Monster mit Tausenden Flossen, Hunderten dunkler Augen, die aus einem silbrig glänzenden Kettenhemd zu blicken scheinen. Einige schlüpfen sogar in unsere Taucheranzüge, andere flüchten an die Oberfläche und werden sofort von den Vögeln gefressen.

In diesem Strudel aus Leben und Tod erkennen wir erst spät die Bronzehaie (*Carcharhinus brachyurus*), die fast unbemerkt nach oben gekommen sind, um am Festmahl teilzunehmen.

Ihr Auftauchen verändert die gesamte Situation. Der Sardinenschwarm wird geteilt. Einzelne Gruppen werden isoliert. Unzählige silbrige Blitze, Myriaden von Schuppen blitzen auf, Zähne bohren sich ins Fleisch ... Die Plünderer bedienen sich großzügig, wieder und wieder, bis ihr Heißhunger gestillt ist. Die Raserei ist vorbei, die Haie sind wie betäubt. Sie verlassen das Schlachtfeld, zurück bleibt gähnende Leere. Und die trügerische Illusion, eine ganze Population Sardinen ausgelöscht zu haben ... Aber 20 Meter tiefer formieren sich Millionen von Sardinen dicht aneinandergedrängt zu einem neuen Schwarm, der weder Anfang noch Ende erkennen lässt ... als hätte der verheerende Angriff die Massen nicht schmälern können. Und tatsächlich ist die Sardinenpopulation schier unerschöpflich, unendlich wie der Ozean!

Kleine Fische, große Fische

Anders, als man denken könnte, hängt die Zahl der erwachsenen Sardinen nicht vom Appetit der Haie und anderer Räuber ab. Diese gelegentlichen Festgelage haben keinen Einfluss auf die Größe der Populationen der kleinen und großen

Planktonfresser. Was ihre Zahl jedoch zyklisch reguliert (Fischerei und Umweltverschmutzung einmal ausgenommen), sind die Meeresströmungen. Sie sind die wahren Herrscher im Spiel des marinen Lebens. Bestimmt vom Wind sowie von der Temperatur und dem Salzgehalt des Wassers, sind sie verantwortlich für das Überleben der Eier und Larven, die äußerst sensibel auf Veränderungen im Wasser reagieren. Die Strömungen transportieren auch die nötige Nahrung für die Entwicklung planktonischer Organismen, die Basis allen Lebens im Ozean. Die Zahl der Sardinen hängt direkt von der Menge und der Vielfalt des Phytoplanktons und von kleinen Krebstieren ab, die sich davon ernähren. Die Zahl der Sardinen bemisst sich folglich an der Quantität und der Qualität der Nahrung. Und die Zahl der Sardinen bestimmt wiederum das Überleben der großen Jäger. Nicht umgekehrt. Die Populationen regulieren sich in der Nahrungskette immer von unten nach oben.

Sobald die Strömungen das Wasser der obersten Schicht nicht mehr ausreichend mit nährstoffreichen Salzen anreichern, wie es im Durchschnitt alle vier Jahre während des Auftretens von „El Niño“ geschieht, wird weniger Phytoplankton produziert, und die kleinen Fische, wie Sardinen und Sardellen, können sich nur schlecht vermehren. Die Populationen nehmen stark ab, für die großen Jäger eine Katastrophe: Sie verhungern oder können ihre Jungtiere nicht mehr ausreichend versorgen. Das heißt, das Wohl der Haie hängt von dem ihrer Beute ab. Es sind die unscheinbaren Tiere und das Phytoplankton, die die Zahl der Vögel, der Delfine, der Seelöwen, der Wale und der Haie regulieren.[1]

Große Haie, kleiner Appetit

Welchen Einfluss haben die Beutezüge der Haie wirklich auf die Population der potenziellen Beutetiere? Was und wie viel fressen Haie? Es geht hier nicht um die Vielseitigkeit ihres Speisezettels – einige filtern Plankton aus dem Wasser, andere ernähren sich von Würmern und Muscheln, Fischen oder Kadavern –, sondern um die Menge und den Einfluss auf das Ökosystem.

Kehren wir zu den Haien aus unseren Albträumen zurück, den Superräubern, die in der Öffentlichkeit für Aufsehen sorgen: Weißer Hai, Tigerhai, Kurzflossen-Mako (*Isurus oxyrinchus*), Sandtigerhai und Bullenhai.

Ehre, wem Ehre gebührt. Fangen wir mit dem „Weißen Hai" an, denn er steht nun mal auf der Rangliste der Prädatoren unangefochten an erster Stelle. Ich bin ihm bei meinen Tauchgängen oft begegnet und kann bezeugen, dass er sich nie auf einen Kadaver oder eine Beute stürzt, ohne sie vorher gründlich geprüft zu haben, selbst wenn er richtig hungrig ist. Er ist unglaublich vorsichtig und nimmt sich Zeit. Wenn er langsam durch das Wasser gleitet, wird er häufig von einer schwarzen Wolke aus Makrelen begleitet (*Trachurus symmetricus*), die keinen besonders ängstlichen Eindruck machen. In den Gewässern vor der Insel Guadalupe habe ich sogar einen jungen Seelöwen gesehen, der sorglos direkt vor der Nase eines fünf Meter langen Hais „tanzte". Tatsächlich frisst der Hai gar nicht so viel. Der Nahrungsbedarf eines Weißen Hais von fünf Metern Länge und einem Gewicht von einer Tonne beträgt etwa drei Kilo pro Tag. Ein junger Seelöwe reicht ihm für drei bis vier Tage.[2] Das ist ein Siebtel der Tagesration eines Delfins, der nur ein Viertel seines

Gewichts aufweist. Wie viele Haie frisst auch der Weiße Hai gerne Aas. Wenn er den Kadaver eines Wals entdeckt, stopft er sich mit fettem Fleisch voll, mit jedem Biss reißt er 15 Kilo heraus.[3] Damit kann er zwischen sechs und 22 Tage ohne zusätzliche Nahrung auskommen.[4] Da ein Hai von einer Tonne Gewicht bis zu 100 Kilo verschlingen kann, kann er danach mehrere Monate fasten. So lange dauert es, bis alles verdaut ist. Die meisten Haiarten verdauen sehr langsam und fangen erst mit leerem Magen wieder zu fressen an.[5] Zum Vergleich: Unsere großen Fischtrawler fischen 200 Tonnen am Tag ab. Der größte, die *Atlantic Dawn*, hat offiziell eine Einfrier-Kapazität von 400 Tonnen am Tag.[6] In nur drei bis vier Tagen kann dieser 140 Meter lange Koloss so viele Fische fangen, wie die gesamte Population Weißer Haie (etwa 1500 Tiere) vor der Küste Australiens in einem ganzen Jahr frisst.[7]

Der Mako ist so schnell, dass er sogar Schwertfische jagt. Er scheint der Hai mit dem größten Nahrungsbedarf zu sein, zusammen mit seinem Verwandten, dem Lachshai (*Lamna ditropis*). Ein erwachsenes Tier von 250 Kilo Gewicht frisst durchschnittlich zwei Kilo am Tag[8], das entspricht vier bis fünf Makrelen oder Kalmaren. Aber er verzehrt auch Krustentiere oder mal einen Schwertfisch[9], danach fastet er mehrere Tage. Welch ein Unterschied zu Bildern des menschenfressenden Makohais aus dem Horrorfilm *Deep Blue Sea*.[10]

Um die Gesundheit gefangener Haie in Aquarien zu erhalten, bekommen sie etwa zwei Prozent ihres Körpergewichts pro Woche zu fressen.[11] Die Menge hängt natürlich immer von der Haiart, dem Gewicht und Alter ab. Die Jungtiere im Wachstum fressen proportional mehr als Erwachsene, trächtige Weibchen haben ebenfalls einen höheren Bedarf. Aber insgesamt fressen sie nicht mehr als einige Hundert Gramm am Tag. Ein Schwarzspitzen-Riffhai oder ein Grauer Riffhai von 1,5 Meter Länge frisst im Durchschnitt gerade einmal 200 Gramm täglich. Die Nahrungsmenge ist nicht proportional zur Größe: Ein Ammenhai (*Ginglymostoma cirratum*) von 2,5 Metern Länge und 80 Kilo Gewicht gibt sich mit 270 Gramm am Tag zufrieden.[12]

Beute in Alarmbereitschaft?

In Meeresschutzgebieten, wo das Leben noch so reichhaltig ist wie zu früheren Zeiten, kann man die Beziehungen zwischen den Arten gut beobachten. Rund um die unterirdischen Gebirge, wo nicht gefischt werden darf, wird einem ganz schwindlig vor Artenreichtum. Dort wimmelt es von Leben, selbst in der Nähe der Haie geht der Alltag friedlich seinen Gang.

North Horn, Osprey Reef, Korallenmeer, 15. November 1987. Die Sandbank scheint weder Anfang noch Ende zu haben. Ich gerate in einen wirbelnden Strudel, kann meine Tauchkameraden Michel Deloire und Yvan Giacoletto nicht mehr sehen, ebenso wenig wie das steile Riff und die schillernden Korallen. Sogar das Blau des Ozeans ist verschwunden. Ich sehe mich einem geharnischten Ritter in einem glänzenden Kettenhemd gegenüber, jedes Metallplättchen ist ein Fisch. Der gewaltige Strom ist so dicht, dass ich die einzelnen nicht mehr unterscheiden kann. Die Flossen mischen sich mit den Kiemen, die Augen scheinen auf den Bäuchen zu sitzen, ein silbernes Schimmern mit Grautönen und blitzenden Funken. Es sind Großaugen-Makrelen (*Caranx sexfasciatus*), die bis zu einem Meter lang werden können. Tausende? Zehntausende? Noch mehr? Wie soll ich das wissen? Ich schwimme starr geradeaus, als wolle ich eine Mauer durchbrechen. Und als ich schließlich das Riff wieder sehen kann, werde ich von einem Schwarm Büffelkopf-Papageienfische (*Bolbometopon muricatum*) überrollt, kraftvoll wie Bisons, die mit ihren überdimensionierten Köpfen gegen die Korallen schlagen. Sie weichen nicht mal aus, als ihnen Große Gefleckte Riesenzackenbarsche (*Epinephelus tukula*) entgegenkommen. Es wimmelt nur so von Fischen, Schwärme von Füsilieren, Doktorfischen, Großaugen-Schnappern, eine märchenhaft wirkende Kulisse. Welch ein Überfluss! Das pralle Leben verdeckt den Horizont.

In zwei Stunden Tauchen treffe ich auf mehr als 60 verschiedene Arten … darunter, fast als Nebenfiguren, auch Haie. Allein in meinem Sichtfeld zähle ich 20: Weißspitzen-Riffhaie, Graue Riffhaie und zwei Silberspitzenhaie, die mehr als 2,5 Meter lang sind. Einige sind neugierig und kommen näher. Sie bahnen sich einen Weg durch die Fischschwärme, die kaum nach rechts und links ausweichen. Ein Streifen Licht, der sofort wieder von einem lebendigen Vorhang verborgen wird. Ein paar wachsame Stachelmakrelen begleiten einen Weißspitzen-Riffhai, vielleicht um sich zu versichern, dass er sich vom Riff fernhält. Sie umrahmen ihn, greifen ihn sogar mit Flossenschlägen an. Die Beute schlägt den Räuber in die Flucht …

Wir werden vier Tage an diesem abgelegenen und geschützten Riff bleiben, aber die ganze Fülle des weitgehend unerforschten Fleckens Meer können wir nicht annähernd erfassen. Aber vor allem fragen wir uns, welche Beziehungen der Hai zu den anderen Meeresbewohnern unterhält, vor allem zu seiner potenziellen Beute.

Wenn der Hai näher kommt, wissen die Fische genau, ob er auf Beutejagd ist oder nicht. Entsprechend passen sie ihr

Verhalten an. Ihre Aufmerksamkeit ist umso größer, je näher er kommt. Sie verteilen sich, um einen Sicherheitsabstand wahren zu können, manchmal hören sie sogar auf zu fressen.[13] Aber sobald die Nase des Hais verschwunden ist, nehmen sie ihre Tätigkeiten wieder auf. Wenn der Hai nicht jagt, was die meiste Zeit der Fall ist, kümmern sie sich gar nicht um ihn.

Eine zweischneidige Allianz

Manchmal profitieren die kleinen Fische aber auch von der Anwesenheit eines großen Hais, um einen Schwarm Thunfische fernzuhalten, auch auf die Gefahr hin, dass sich ihr Verbündeter gegen sie wendet.

18. November 1985. Im offenen Meer vor Kuba, 20°53' nördliche Breite, 79°10'östliche Länge.

Der Zyklon Kate ist angekündigt. Bevor die *Calypso* im Hafen von Cienfuegos Schutz suchen wird, wagen wir noch einen letzten Tauchgang. Das Meer ist aufgewühlt, der Wind schon fast ein Sturm. Regen prasselt auf die Wasseroberfläche. Die Wellen bäumen sich auf, gekrönt von schaumigen Kämmen. Wir schwimmen in etwa 30 Meter Tiefe. Über uns erkennen wir schemenhaft ein monströses Gebilde von 20 Metern Länge, bestehend aus glitzernden Pailletten, das immer wieder seine Form ändert. Wir nähern uns staunend: Es sind Millionen Sardinen und Sardellen, die den Körper eines Walhais einhüllen. Es scheint, als würde der Gigant von den kleinen Fischen erdrückt, die sich gegen ihn pressen. So etwas habe ich noch nie gesehen. Der glänzende Schwarm kreist ständig um den Hai, als wolle ihm jeder einzelne Fisch besonders nahe kommen. Plötzlich verstehe ich, warum: In respektvoller

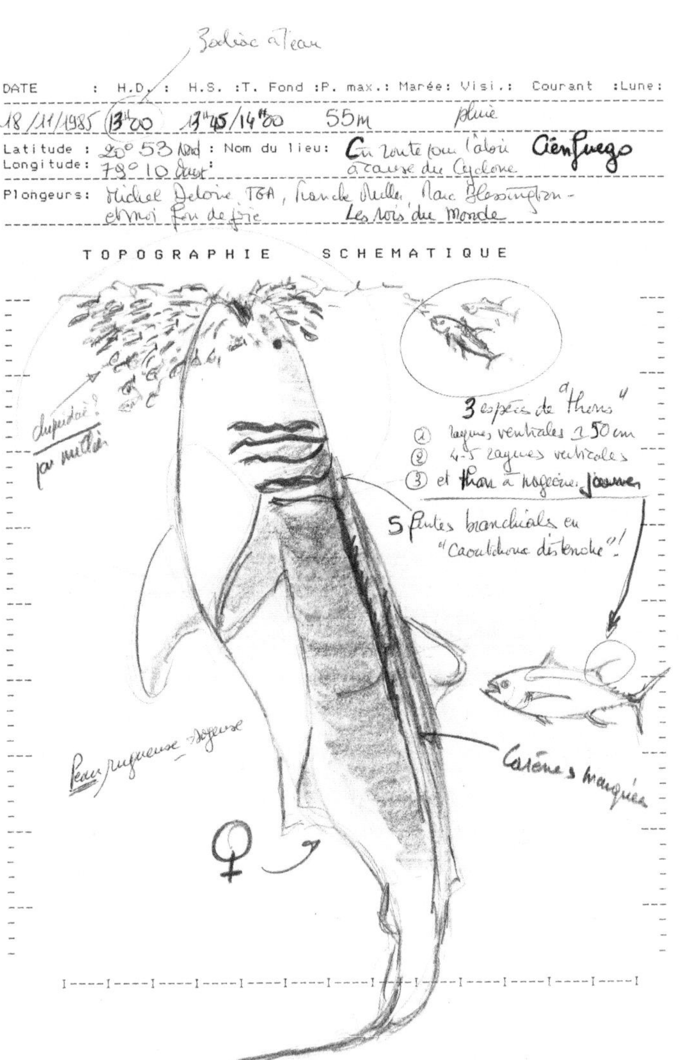

18. November, 1985, vor Kuba. Der Walhai frisst die Fische, die in seiner Nähe Schutz gesucht haben. Tauchtagebuch des Autors.

Distanz folgt eine Gruppe Gelbflossen-Thunfische und Bonitos. Die kleinen Fische haben einen Alliierten zur Abschreckung gefunden. Noch scheint die ungewöhnliche Allianz die lauernden Räuber abzuhalten. Ich bin fasziniert. Als der Walhai plötzlich abdreht und in der Dunkelheit der Tiefe verschwindet, als sei er seinen lebenden Mantel nun leid, attackieren die Thunfische und die Bonitos den Schwarm. Der zieht sich zusammen, wirkt wie eine Gewitterwolke und steigt dann in Richtung Oberfläche auf. Ein fataler Fehler: Sie können den von allen Seiten angreifenden Jägern nicht mehr entkommen. Ihr Schicksal scheint besiegelt. Der Schwarm ballt sich noch enger zusammen, dem sicheren Tod geweiht … Doch wie aus dem Nichts taucht der Walhai wieder auf, das Maul weit aufgerissen. Die Thunfische lassen von ihren Opfern ab und machen Platz. Der Hai saugt unzählige kleine Sardinen in sich auf, sein Maul kommt an die Oberfläche des Meeres, das Wasser spritzt heraus. Danach lässt er sich ein paar Meter nach unten sinken, um dann erneut nach oben zu schießen und wieder zuzuschlagen.

Nur manchmal ein Räuber

Einen Hai beim Fressen beobachten und filmen zu können, ist eine Seltenheit. An Bord der *Calypso* hatten wir dieses große Glück. Die meiste Zeit ruht der Hai sich aus. Die Anwesenheit von Haien bedeutet keinesfalls, dass sie auf Beutejagd sind, weit häufiger dümpeln sie dahin oder schwimmen desinteressiert zwischen ihrer potenziellen Beute herum.

Zudem jagt er nur selten in dem Ökosystem, in dem er die meiste Zeit verbringt. Wir Taucher wissen das, wenn wir im

Schein unserer Stirnlampe die Zähne eines Sandtigerhais durch das Bullauge eines Wracks erkennen. Wir wissen, dass das Tier gerade ein Nickerchen macht und wir alle Zeit der Welt haben. In der Finsternis des Schiffsbauchs sehen wir nichts außer diesen scharfen Fangzähnen, die unregelmäßig angeordnet sind, in einem der furchterregendsten Mäuler des gesamten Tierreichs. Nach und nach wird auch der riesenhafte Körper deutlich. Drei Meter lang und eine beeindruckende spitze Schnauze. Er wirkt wie eine vorsintflutliche Kreatur, fast plump: gedrungener Körperbau, eine gigantische heterocerke – nach oben gebogene – Schwanzflosse, keinerlei Eleganz. Auffällig ist die schwarze, goldfarben umrandete, hypnotisch wirkende Pupille. Der Sandtigerhai kann während der Jagd stark beschleunigen, jetzt wirkt er ruhig und friedlich. Ich nähere mich respektvoll, um ihn bei seiner Siesta nicht zu stören. Ich komme ihm so nahe, dass ich die Lorenzinischen Ampullen unter seiner Schnauze zählen kann. Während der gesamten 45 Minuten unseres Tauchgangs bleibt er völlig ungerührt. Und er bleibt es auch, lange nachdem wir das Wrack verlassen haben. Und die Dutzenden gelben Großaugen-Schnapper, die ihn sorglos umkreisen, wissen das auch. Aber wenn die Nacht kommt, wird er erwachen, sein Refugium verlassen und dann in gebührender Entfernung und in 150 bis 200 Metern Tiefe auf die Jagd gehen.

Mahlzeit mit Lieferservice

Ungeachtet dessen kann ein Hai Riffe beeinflussen, ohne dass er sich dort aufhält. Das haben Wissenschaftler, die den Forscher und Fotografen Laurent Ballesta auf einem seiner unglaublichen Tauchgänge im Fakarava-Atoll in Polynesien begleitet haben, herausgefunden. Das Atoll wird von 700 Grauen Riffhaien und von Weißspitzen-Riffhaien besucht. Dieser Ansturm hungriger Räuber übersteigt das Nahrungsangebot des kleinen Gebiets bei Weitem, die Nahrungspyramide ist auf den Kopf gestellt (das heißt, es gibt mehr Räuber als potenzielle Beute). Und trotzdem nimmt das Atoll neben den einheimischen Bewohnern noch viele Gäste auf. Vor allem Fische, die sich hier fortpflanzen. Sie kommen aus allen Richtungen: Doktorfische, Papageienfische und nicht weniger als 17.000 Zackenbarsche (*Epinephelus polyphekadion*), die sich beim ersten Vollmond des südlichen Winters dort sammeln.[14] All diese Fische pflanzen sich in diesem eng begrenzten Gebiet fort, eine erhebliche Biomasse, die von überallher kommt.

Die Haie, deren Zahl viel zu groß zu sein scheint, treffen also dort auf Zackenbarsche und andere Fische, die aus weit entfernten Regionen kommen – und alles „importieren", was sie an anderen Riffen gefressen haben.[15] Das Ergebnis: Obwohl die Haie das Fakarava-Atoll nie verlassen, haben sie indirekt Einfluss auf die Prädation an anderen Riffen, die sie gar nicht besuchen. Aber der Fressdruck ist gering: Die 700 Haie fressen am Tag etwa 150 Kilo Fisch, zum Beispiel 50 ausgewachsene Zackenbarsche mit einem Durchschnittsgewicht von drei Kilo. Am Ende der dreiwöchigen Fortpflanzungsphase wären gut 1000 (etwa sechs Prozent der 17.000) zwischen den Zähnen der Haie gelandet, wenn diese sich nur von Zackenbarschen ernährt hätten. Aber das ist nicht der Fall, sie fressen auch andere Fische wie Doktorfische, Muränen, Stachelmakrelen, Papageienfische …

Als Jungtier leichte Beute

Den Einfluss der Haie auf das Ökosystem zu quantifizieren, ist schwierig, da sie im Laufe ihres Lebens ihre Nahrungsgewohnheiten ändern und auch ihr Platz in der marinen Hierarchie nicht gleich bleibt.[16] Bevor der Hai zum „Spitzenprädator" wird, ist das Jungtier, gleich welcher Art, eine leichte Beute, vor allem für seine älteren Artgenossen.[17] Selbst der Weiße Hai ist als Neugeborener nur 1,20 Meter lang und seinen Brüdern und Cousins sowie den Walen und den Orcas ausgeliefert, denn er wird weder von seinen Eltern noch von einer Gemeinschaft beschützt, wie es bei den Delfinen oder den Pottwalen der Fall ist.

Der Weiße Hai ernährt sich bis zur Geschlechtsreife (3,40 Meter Länge) vor allem von Fischen, danach verändert sich seine Ernährungsweise radikal, und er zieht Meeressäuger vor[18].

Der junge Tigerhai ist ein Mesoprädator, der sich von Fischen, Krebstieren und vor allem von Mollusken ernährt.[19] Erst als Erwachsener, wenn er mehr als drei Meter lang ist, greift er große Pflanzenfresser an, wie zum Beispiel Suppenschildkröten oder Dugongs (*Dugong dugon*). Aber das ist mühsam. Die Beute wehrt sich mit allen Mitteln, wie ein beeindruckendes Video zeigt, das mit einer Kamera gedreht wurde, die auf dem Rücken einer Wallriffschildkröte (*Natator depressus*) angebracht worden war. Sie wird von einem Tigerhai angegriffen und versucht sich so gut wie möglich zu wehren. Sie reagiert aggressiv, beißt nach ihrem Angreifer und schlägt ihn in die Flucht.[20]

Der Einfluss der Haie auf diese Pflanzenfresser liegt demnach weniger in der Zahl der gefressenen Tiere als in ihrer bedrohlichen Präsenz in den Seegraswiesen.[21] Auch die in populärwissenschaftlichen Büchern immer wieder anzutreffende Aussage, Haie würden die Seegräser schützen und die Ozeane resilienter gegen Klimaveränderungen machen, indem sie die Zahl der Weidegänger wie Schildkröten und Dugongs[22] begrenzen, greift zu kurz. Der Einfluss der Haie ist zu vernachlässigen, es sei denn, es geht um Beute, die vom Aussterben bedroht ist … und zwar durch den Einfluss der Menschen.

Dominoeffekt: von der Theorie zur Realität

Um die Aufmerksamkeit auf die unverantwortliche Massenvernichtung der Haie zu lenken, tun manche zu viel des Guten. Es wird behauptet, Haie seien Garanten für die Sauerstoffproduktion[23], was einen Dominoeffekt zur Folge habe, den sogenannten „Top-down-Effekt". Dieses Phänomen ist für Landtiere sehr gut dokumentiert, vor allem was den positiven Einfluss der Rückkehr der Wölfe auf die Biodiversität der Fauna des Waldes angeht.[24] Diese Beispiele arbeiten mit vereinfachten Parametern wie „großer Fleischfresser" oder „großer Pflanzenfresser, der sich von jungen Bäumen ernährt". Aber kann man diese Erkenntnisse auf die Meere übertragen, wo die Nahrungsketten wesentlich komplexer sind? Nach diesem Prinzip würden Haie als Spitzenprädatoren die Population der Mesoprädatoren (Zackenbarsche, Doktorfische, Barrakudas, Muränen) begrenzen. Ohne die Haie würden sie sich sprunghaft vermehren, mit dem Ergebnis, dass die kleinen planktonfressenden Fische (Füsiliere, Sardinen …) ausgerottet würden. Das Verschwinden dieser Arten würde wiederum zur Massenvermehrung kleiner Krebstiere führen, die das Phytoplankton abgrasen. Ein Dominoeffekt also: Würden die Haie verschwinden, würden sich die kleinen Krebstiere zu stark vermehren und alle marinen Mikroalgen[25] fressen, die zwei Drittel des Sauerstoffs der Erdatmosphäre liefern.

Die Haie als Regulativ des irdischen Lebens: Wie ist man nur darauf gekommen?

Die romantische Idee der Nahrungspyramide

Dieser Theorie liegt eine doppelte Vereinfachung zugrunde: zum einen eine rein zweckorientierte Sichtweise, die davon ausgeht, dass jedes Lebewesen eine Funktion hat, zum anderen eine extreme Schematisierung des Begriffs „Nahrungspyramide". Unter Nahrungspyramide versteht man die schematische Darstellung der quantitativen Verhältnisse der Trophieebenen (Glieder der Nahrungskette) einer Lebensgemeinschaft in einem Ökosystem. Sie erklärt etwa, dass ein Pflanzenfresser zehn Kilo Nahrung braucht, um ein Kilo zuzunehmen, ein Fleischfresser der ersten Stufe wiederum muss zehn Kilo Pflanzenfresser vertilgen, um eine Gewichtszunahme von einem Kilo zu erreichen. Und so geht es die Konsumentenebenen weiter hinauf bis zu den Spitzenprädatoren.

Diese Sichtweise basiert größtenteils auf einer Untersuchung des Meeresbiologen Ransom A. Myers[26], die aufgezeigt hat, dass das Verschwinden der Haie zu einer starken Vermehrung ihrer potenziellen Beutetiere, insbesondere der Rochen, führte. Dies wiederum habe die Population der Jakobsmuscheln stark zurückgehen lassen, mit der Folge, dass die Muschelfischerei enorme Einbußen zu beklagen hatte. Der Rochen als perfekter Sündenbock, der die expansive Muschelfischerei reinwäscht, und zugleich der wissenschaftliche Beweis für den Hai als Regulationsfaktor im Ökosystem der Meere: Damit waren alle zufrieden, Naturschützer, Wissenschaftler und Fischer … kurz gesagt, die Geschichte war so schön, dass niemand sie anzweifeln wollte. Man hielt also am „wissenschaftlichen Nachweis“ des Dominoeffekts fest, der funktionierte wie ein Uhrwerk …

Aber so einfach ist das nicht, weder mit den Jakobsmuscheln noch mit dem Seegras noch mit dem Sauerstoff … Die Algen bestimmen das Leben und nicht diejenigen, die sie fressen.[27] Auf der anderen Seite ist der Einfluss der Spitzenprädatoren auf die marine Tierwelt, wie zum Beispiel auf die Fischpopulation, die sich auf die r-Fortpflanzungsstrategie mit der Ablage von Millionen von Eiern in der Umgebung gründet, im Vergleich zu externen Einflüssen zu vernachlässigen. Haie fressen nur ausreichend große Fische, die hunderttausendmal zahlreicheren Eier, Larven und Jungtiere lassen sie unbehelligt. Doch gerade auf sie, wie auch auf die Planktonfresser, wirken die physikalischen und chemischen Veränderungen im Wasser, die durch die Erwärmung der Meere entstehen. Ihre Reproduktionszahl kann sich um den Faktor zehn verändern. Es ist demnach nicht die Zahl der Raubfische, die solche radikalen Schwankungen hervorrufen, sondern der Klimawandel.

Im Meer gibt es keine lineare Nahrungskette, bei der die einzelnen Glieder wie Zahnräder ineinandergreifen. Dort existiert ein komplexes Netzwerk mit Hunderten von Interaktionen unter allen Organismen, die unsere Hierarchisierung in Trophieebenen verschmäht. Die kleinste Sardine kann sich einen ihrer Feinde, zum Beispiel eine Makrele oder einen Thunfisch, einverleiben, solange er noch im Larvenstadium ist.

Der Hai ist kein Feinschmecker

Der Hai ist ein Opportunist, auf seinem Speisezettel steht eine große Bandbreite an Meeresbewohnern, die allen Trophieebenen angehören.[28] Zwei Haie derselben Population können sehr unterschiedliche Nahrungsgewohnheiten haben.[29] Diese Variabilität führt auch dazu, dass sie sich in unterschiedlichen Ökosystemen bedienen und jede sich bietende Möglichkeit nutzen. Dies wiederum hat zur Folge, dass ihr tatsächlicher Einfluss auf eine bestimmte Art gering ist und damit auch der vielfach zitierte Dominoeffekt. Außerdem jagen Spitzenprädatoren nur erwachsene Tiere.[30]

Die Analyse der Nahrungsgewohnheiten von sieben pelagischen Haiarten hat ergeben, dass die Unterschiede innerhalb einer Art größer sind als zwischen den Arten.[31] Haie fressen alles, was ihnen vor die Schnauze kommt. Die Untersuchung der Mageninhalte von fünf Haiarten (Bronzehai, Schwarzhai, Hammerhai, Fuchshai und Makohai) zeigt die unglaubliche Vielfalt ihrer Beutetiere, die zu mehr als 40 taxonomischen Gruppen gehören und bis zu zehn Trophieebenen umfassen.[32]

Der Dominoeffekt ist um so schwerer zu messen, je „redundanter“ die marinen Arten sind. Denn die Beutetiere der Haie (Zackenbarsche, Stachelmakrelen, Barrakudas) können ihrerseits sehr junge Haie fressen und ernähren sich von den gleichen Beutetieren wie ihre Jäger.[33] Oft sind sie im Verbund unterwegs. Ich habe häufig Dickkopfmakrelen und Schwarze Stachelmakrelen (*Caranx lugubris*) beobachtet, die Weißspitzen-Riffhaie bei der nächtlichen Jagd begleiteten. Die Makrelen waren keineswegs beunruhigt und fraßen den Haien sogar die Beute vor der Nase weg …

Diese flexible Redundanz unter konkurrierenden Arten trägt zur überragenden Resilienz des Lebens bei.[34] Daran muss man umso mehr erinnern, als manche Ökonomen die Dienste der Natur für die Wirtschaft erkannt haben und gerne „optimieren" möchten, indem sie die Arten hierarchisieren. Die besten Dienstleister sollten erhalten bleiben, die mehr oder weniger redundanten kann man ruhig eliminieren … Dabei vergessen sie, dass es gerade die Diversität ist, die das Gleichgewicht des Lebens garantiert.

Der Hai passt sich einem komplexen Ökosystem bestmöglich an. Häufig handelt er nicht wie ein Spitzenprädator, sondern wie ein Mesoprädator, was so gar nicht dem Bild entspricht, das sich in den Köpfen der Menschen festgesetzt hat.[35]

Das geht auch aus der Arbeit von Laurent Ballesta und seinem Team über die Interaktionen zwischen Haien und den 17.000 Zackenbarschen im Fakarava-Atoll hervor. Während der Fortpflanzung sind die Zackenbarsche unaufmerksamer als sonst und könnten demnach für die Haie ein gefundenes Fressen sein. Aber so ist es nicht. „Auch wenn die Haie von dem reichhaltigen Angebot profitieren, bleiben sie flexibel und bedienen sich auch bei den anderen 40 Arten. Sie nutzen die ganze Bandbreite der Nahrungskette. Im Verhältnis zu ihrer Anzahl fressen sie wenig Zackenbarsche und stören deren Reproduktion in keiner Weise."[36] Die Zackenbarsche leben außerdem zurückgezogen und sind schwer zu jagen. Planktonfresser und Weidegänger dagegen, wie die Doktorfische (*Acanthuridae*), geraten in Panik, wenn ein Hai in der Nähe ist, was zu einem Angriff einlädt. Mit der Folge, dass die Haie mehr Planktonfresser und Weidegänger verzehren als Zackenbarsche – obwohl sie doch angeblich die Ersteren vor den Letzteren schützen.

Ein Platz, aber keine Rolle

Ein weiterer Grund für die übersteigerte Bedeutung, die wir den Haien im marinen Ökosystem zuschreiben, ist semantischer Natur: die Verwechselung der Begriffe „Platz“ und „Rolle“. Der Begriff „Rolle“ führt zu einer Verzerrung: Wissenschaftler konzentrieren sich auf den Einfluss der Haie „nach unten“ in der Nahrungskette, die Gegenrichtung hingegen wird nur selten untersucht. Und sie versuchen daraus eine „Mission“ zu konstruieren, die einem „Projekt“ dient. Kurz: Die Wissenschaft sucht vor allem nach Beweisen, wie der Hai als Spitzenprädator seiner „Berufung“ als Regulator des biologischen Gleichgewichts und Garant für ein gesundes Ökosystem nachkommt. Dabei unterstellt man ihm, dass er die kranken und schwachen Tiere, die Schädlinge und den „Überschuss“ zu dezimieren versucht. Die wechselseitigen Beziehungen, die die Arten miteinander verbinden, werden dagegen im Wesentlichen ignoriert. Diese zweckorientierte Sicht auf die Natur entspricht den Vorstellungen unserer jüdisch-christlichen Kultur, die auch deshalb nicht infrage gestellt wird, weil sie eine Gesellschaftsform rechtfertigt, die auf der Herrschaft des Stärkeren basiert. Und sie antwortet auf die heute vorherrschende Taylorisierung der Arbeitswelt: Jeder hat seine Aufgabe. Kein Wunder, dass die Vorstellung, jede Art habe eine vorbestimmte Aufgabe, wenn nicht gar göttliche Mission, zum Paradigma geworden ist.

Selbst Tierdokumentarfilmer konzentrieren sich auf die Stärkeren und ihre Beutezüge, weil dadurch mehr Dynamik entsteht und die Aufmerksamkeit der Zuschauer gefesselt wird. Um ihr Vorgehen zu rechtfertigen, kommentieren die Filmemacher, dass „der Hai als Spitzenprädator die Aufgabe hat, das Ökosystem zu regulieren". Die Wirkung der Bilder trägt dazu bei, diese zweckorientierte und bis zur Karikatur überzeichnete Sicht auf die Natur zu verankern, ohne dass man sich als Zuschauer über die subjektive Auswahl der gezeigten Szenen Gedanken macht. Dabei wird verschwiegen, dass es oft Wochen dauert, bis es dem Kameramann gelingt, die spektakuläre Fressszene zu drehen. Wäre der Alltag der Haie Thema gewesen, hätte er nur Tiere filmen können, die schlafen oder friedlich durch Tausende anderer Fische schwimmen.

Lebewesen beschränken sich nicht auf die simplen Aufgaben, die wir ihnen zuschreiben, und das Leben ist auch nicht zweckorientiert. Die Natur denkt nicht zielgerichtet. Sie existiert. Sie wächst, vervielfacht und diversifiziert sich, wird komplexer, indem neue Arten entstehen. Aber keine Art hat eine vorbestimmte „Rolle", die sie im großen Zyklus des Lebens zu spielen hat. Jede nimmt auf der Basis ihrer Fähigkeiten ihren „Platz" ein, steht in Beziehung zu allen anderen, unabhängig davon, ob und inwieweit sie unmittelbar mit ihnen in Interaktion tritt.[37]

Opportunistische Kooperationen

Haie brauchen andere Tiere, häufig ihre Artgenossen, mit denen sie aber gleichwohl in Konkurrenz stehen. Das haben Johann Mourier und Pierre Labourgade bei ihren Studien über das Jagdverhalten der Weißspitzen-Riffhaie und der Grauen

Riffhaie gezeigt. Obwohl jeder Hai für sich allein und ohne Abstimmung mit anderen jagt, ergänzen sich ihre unterschiedlichen Vorgehensweisen, mit der Folge, dass alle erfolgreicher sind. Hauptsächlich profitieren die Grauen Riffhaie von den wendigen Weißspitzen-Riffhaien, die sich schneller in den Spalten und Schluchten des Riffs bewegen können. Das Jagdrevier der Grauen Riffhaie ist das offene Wasser am Rand des Riffs, sie wagen sich selten weit in die Korallenriffe hinein. Wenn sie allein jagen, beträgt die dort versteckt lebende Beute kaum 18 Prozent ihrer Nahrung. Aber wenn sie ihren geschickteren Verwandten folgen, denen es gelingt, die Fische aus den Spalten zu scheuchen, sind es 80 Prozent.[38]

Ähnliche Kooperationen habe ich während des *Sardine Run* beobachtet, einem Naturschauspiel, bei dem der größte Sardinenschwarm der Welt an der Südostküste Südafrikas entlangzieht. Die Bronzehaie werden von den Delfinen (*Delphinus capensis*) bedrängt und von den Kaptölpeln überholt. Sie sind nur Statisten in einem dantesken Bankett, das von den Walen serviert wird, die die Sardinen zusammengedrängt haben. Die Bronzehaie sind eher langsame Jäger und profitieren stark von den Angriffen der Delfine auf die Außenränder des Schwarms und von den Tauchgängen der von oben herabstürzenden Tölpel, die die Sardinen verwirren. Die Haie hängen in gewisser Weise nicht nur von ihrer Beute, sondern auch von anderen Räubern ab. Je mehr Arten beteiligt sind, desto erfolgreicher ist die Jagd, für alle und für jeden Einzelnen.[39]

Ein einzelner Hai hat wenig Chancen, eine Sardine zu fangen. Der Schwarm teilt sich vor seinem aufgerissenen Maul und schließt sich wieder, sobald er vorbeigeschwommen ist. Oder wie es Paul Valéry ausgedrückt hätte: „Ein Hai allein ist nie in guter Gesellschaft."[40] Die gleichzeitigen Angriffe der

Delfine von der Seite und der Tölpel aus der Luft verhindern, dass sich der Sardinenschwarm teilt, und ermöglichen dem Hai, mitten hineinzustoßen. Diese Realität ist weit entfernt von der Vorstellung, er könne als „König der Meere" tun und lassen, was er will. Der Hai ist einer unter vielen, Teil eines komplexen Beziehungsgeflechts. Er hängt von allen anderen ab.

Der Hai als Gesundheitspolizei?

Nach vorherrschender Meinung spielt der Hai auch eine Rolle für die „Gesundheit" des Ökosystems: Er frisst die Alten, Kranken und Schwachen, um die Population gesund zu halten. Die Praxis aber zeigt, dass der Hai das frisst, was sich ihm bietet, meist vollkommen gesunde Fische, die zur falschen Zeit am falschen Ort sind.

Während seiner 21 Wochen im Fakarava-Atoll hat Laurent Ballesta im Übrigen viele verkrüppelte Zackenbarsche gefilmt, die offensichtlich Haibisse überlebt hatten. Die Tiere, denen teilweise auch Flossen und andere Körperteile fehlten, scheinen sich nicht nur schnell zu erholen, sie kommen sogar in den Folgejahren zurück, um sich fortzupflanzen.[41] Paradoxerweise hat der Hai sie nicht nur nicht eliminiert, sondern war selbst an ihren Verletzungen schuld.

Im November 1987 haben wir von der *Calypso* aus fünf Tage im Raine-Island-Nationalpark im Korallenmeer getaucht, und zwar in der Zeit, zu der sich dort die Grünen Meeresschildkröten versammeln. Mehr als 60.000 Tiere kommen hierher, um sich zu paaren und ihre Eier abzulegen. Eine erschöpfende Prozedur: Die Meeresreptilien schleppen sich zum Strand, um ihre Eier möglichst weit oben abzulegen. Dieses jährlich wiederkehrende Ereignis ist ein Fest für die Tigerhaie, die wir filmen wollten. Ich habe erstaunt festgestellt, dass vielen Schildkröten ein Bein oder andere Gliedmaßen fehlten, die ihnen abgebissen worden waren. Aber diese Tiere paarten sich wie alle anderen auch, ihr Handicap spielte keine Rolle. Kann man daraus schließen, dass Tigerhaie gar keine so unfehlbaren Jäger sind und ihnen sogar ein verletztes Beutetier entkommen kann? Wie für die Zackenbarsche gilt auch hier: Die Haie im Raine-Island-Nationalpark verstümmeln die Beutetiere eher selbst, als dass sie schwache oder verletzte töten würden.

Außerdem: Wenn es von existenzieller Bedeutung wäre, dass die Starken die Schwachen ausmerzen, um die Gesundheit einer Population zu gewährleisten, was geschieht dann bei den Spitzenprädatoren, die selbst keine Fressfeinde haben, wie zum Beispiel den Orcas? Wie machen es Wale, Elefanten oder Löwen, die nur in ihren ersten Lebensjahren von anderen Raubtieren angegriffen werden? Sie sind den wahren Superregulatoren ausgeliefert: den Witterungsbedingungen, den Bakterien und den Viren.[42]

Allmächtige Mikroorganismen

Haie stehen im Ruf, gegenüber viralen und bakteriellen Infektionen resistent zu sein und vor allem über eine erstaunliche Fähigkeit zur Wundheilung und Narbenbildung zu verfügen.[43] Wissenschaftler gehen davon aus, dass ihre Widerstandskraft auf eine große Genomstabilität durch Redundanz der Gene zurückzuführen ist, insbesondere aber auf eine positive Selektion im Laufe der Phylogenese der Gene, die die Vernarbung von Wunden fördern.[44]

Manche glauben sogar, dass Haie keinen Krebs entwickeln können. Dieser Aberglaube wird insbesondere von der US-amerikanischen pharmazeutischen Industrie geschürt, die Nahrungsergänzungsmittel auf der Basis von Haifischknorpel auf den Markt bringt, die Krebs verhindern sollen. Zahlreiche pseudowissenschaftliche Bestseller, die ebenso populär sind wie *Der weiße Hai*[45], rühmen die Erfolge dieser Therapie. Doch wie alle anderen Lebewesen entwickeln auch Haie schreckliche Krebsgeschwüre. Manchmal begegnet man auf einem Tauchgang Tieren, die durch riesige Tumore verunstaltet sind. Der Krebs befällt sogar die Knorpel, die angeblich den Ausbruch der Krankheit bei Menschen verhindern sollen.[46] Außer von Krebs werden Haie auch von anderen Krankheiten heimgesucht; zum Beispiel werden sie von *Streptococcus agalactiae* befallen, einem Bakterium, das verheerende Infektionen auslösen kann.[47]

Vorratskammer für Parasiten

Trotz seiner Dominanz ist der Hai Teil des Ökosystems, in dem er nicht etwa der uneingeschränkte Herrscher ist, sondern einiges ertragen muss … zum Beispiel zahlreiche winzige Lebewesen, die ihn nicht als Bedrohung, sondern als Vorratskammer ansehen. Der Hai ist Lebensraum für eine große Zahl von Parasiten, die sich von ihm ernähren: von Schleim, Haut und Blut. Auf einem einzigen Blauhai hat man 3000 dieser Schmarotzer gezählt, auf dem Körper, in den Kiemen, bis in die Nasenlöcher.[48]

Manche Weißen Haie, denen ich begegnet bin, waren mit parasitären Ruderfußkrebsen übersät, die sie ziemlich geplagt

Parasitische Ruderfußkrebse (*Pandarus satyrus*) saugen sich an der Spitze der Schwanzflosse eines Weißen Hais fest (Foto links), ein Schiffshalter (*Echeneidae sp.*) sitzt auf dem Rücken des gleichen Hais. (Foto rechts)

haben müssen. Etwa 15 Prozent aller Ruderfußkrebse sind Parasiten. Einige der Krebstiere, wie *Nemesis lamna* oder *Pandarus satyrus, können die* Kiemen befallen und zum Tod führen.[49] *Ommatokoita elongata*, ein weiterer Ruderfußkrebs, sitzt auf der Hornhaut und ernährt sich vom Auge. Der Großteil der Grönlandhaie ist von ihm befallen und erblindet.

Die Ruderfußkrebse sind nicht die einzigen Quälgeister der Haie: Der Laternenhai (*Etmopterus benchleyi*) wird von *Anelasma squalicola*, einem Rankenfußkrebs befallen, der es auf das Fleisch der Fortpflanzungsorgane seines Lieblingswirts abgesehen hat. Und die Würmer stehen den Krebsen in nichts nach: *Trilocularia eberti*, ein Bandwurm, befällt die inneren Organe von Dornhaien (Gattung *Squalus*)[50], die wiederum die Lieblingsnahrung des Weißen Hais sind. Es ist wirklich nicht leicht, ein Hai zu sein …

Obwohl die Haut des Hais extrem hart ist, kann sie den winzigen Zähnen des Meerneunauges (*Petromyzon marinus*) keinen Widerstand leisten. Dieses aalartige Wirbeltier setzt sich an einem Muskel seines Opfers fest und saugt Blut, das es dank eines Gerinnungshemmers aufnehmen kann.[51]

Anderer Parasit, andere Taktik: Der etwa 50 Zentimeter lange Zigarrenhai attackiert überraschend andere Meeresbewohner, die sich in größere Tiefen wagen, den Weißen Hai eingeschlossen. Mit einem blitzschnellen Angriff beißt er dann kräftig zu, dreht sich um sich selbst und reißt seinem Opfer ein großes Stück Fleisch heraus. Dann verschwindet er so schnell wieder in der Tiefe, wie er aufgetaucht ist. Bei seinem Opfer hinterlässt er einen blutenden Krater von etwa zehn Zentimetern Durchmesser.[52]

Solche Parasiten, Bakterien, Viren und Pilze sind die wahren Herrscher des Ozeans.

Die Verbündeten der Haie

Zum Glück sind die Ozeane nicht nur von fiesen Profiteuren bevölkert, die den armen Hai malträtieren. Einige Mikroben sind auch seine engsten Verbündeten. Sie schützen ihn vor pathogenen Mikroorganismen und verhindern Infektionen bei der Wundheilung.[53] Die wichtigsten Helfer aber befinden sich in seinem Verdauungsapparat. Viele Familien von Verdauungsbakterien, die mit dem Hai in Symbiose leben, sind bereits identifiziert. Sie tragen so klangvolle Namen wie *Cetobacterium sp., Proteobacterium sp., Vibrio sp., Proteobacterium ribotypes, Actinobacteria, Firmicutes* (*Clostridium sp.*), *Fusobacteria* (*Cetobacterium sp.*), *Proteobacteria* (*Campylobacter sp.*). Einige produzieren derart wirksame Enzyme, dass sie sogar das unzerstörbare Chitin im Panzer von Krebstieren verdauen können.[54] Die Koevolution hat die Gemeinschaft „Hai-Mikroorganismus" so untrennbar miteinander verbunden, dass man sich fragt, wer für wen wichtiger ist: die Bakterien für den Hai oder umgekehrt? Mit anderen Worten: Ist der Hai nur die Hülle und der Lebensraum einer großen Gemeinschaft von Bakterien?

Pflegepersonal

Der Ozean beherbergt außerdem Legionen kleiner Pflegekräfte, die den Haien helfen. Die Putzer zum Beispiel wirken auf den ersten Blick unscheinbar und wurden anfänglich kaum beachtet, weil man ihr Verhalten nur unter Wasser beobachten kann. Man muss bei einem Tauchgang lange warten und aufmerksam hinschauen, um diese kleinen Fische und Krebstiere zu entdecken, die geduldig an einem Felsen, ihrer Krankenstation, auf ihre Patienten warten. Dann heißt es für den Taucher absolute Zurückhaltung wahren, um die potenziellen „Klienten" nicht abzuschrecken.

9. März 2001, 16 Uhr, El Arrecife 2, Nordostküste der Insel Malpelo (Kolumbien), in 20 Meter Tiefe. Das Wasser ist so reich an Plankton, dass man kaum zehn Meter weit sehen

kann. Ich habe mich ganz vorsichtig am Rand eines Felsens niedergelassen, der mit Kolonien von Steinkorallen bedeckt ist. Hier tummeln sich etwa 20 Zackenbarsche (*Dermatolepis dermatolepis*), die sich immer wieder furchtlos gegen die Korallenfestung werfen. Doch es sind nicht die Korallen, die sie interessieren, sondern die kleinen Fische, die sich zwischen ihnen versteckt haben. Die Zackenbarsche haben sich als Gruppe organisiert und sind geduldig. Während einer angreift, wartet ein anderer auf der gegenüberliegenden Seite, bereit, das Opfer zu schnappen, das zu flüchten versucht. Die Attacken werden immer ungestümer, immer wieder verletzen sich die Angreifer an den Korallen. Aber umsonst: Die Belagerten lassen sich nicht herauslocken. Einige Stachelmakrelen kommen ebenfalls näher, in der Hoffnung, vom Sturm auf die Festung zu profitieren … aber den wird es nicht geben. Die Zackenbarsche geben auf und machen sich auf die Suche nach leichterer Beute. Die Spannung lässt nach. Die Stachelmakrelen bleiben vor Ort und halten die Nase in die Strömung. Und wie aus dem Nichts tauchen die kleinen Fische, die sich zwischen den Korallenästen versteckt haben, vor ihrer Nase auf. Ein vorwitziger junger Schweinslippfisch (*Bodianus diplotaenia*) schwimmt ohne zu zögern direkt auf eine Stachelmakrele zu, die unbeweglich und leicht nach oben geneigt im Wasser steht. Mit weit geöffneten Kiemen scheint sie sich regelrecht anzubieten. Der Schweinslippfisch schwimmt in ihr Maul und beginnt mit einer sorgfältigen Pflege. Er pickt, er zieht, er frisst die lästigen winzigen Parasiten, die das menschliche Auge nicht sehen kann. Zwei weitere Stachelmakrelen haben sich mittlerweile in Position gebracht und warten auf die Dienste des Putzerfisches, der aber noch mit seinem ersten Kunden beschäftigt ist. Zu seiner Unterstützung tauchen drei gelbe Schmetterlingsfische (*Johnrandallia nigrirostris*) auf, die sich um die Kiemen der neuen Kunden kümmern. Alles ist ruhig und friedlich. Der aggressive Kampf, der noch vor Kurzem hier stattgefunden hat, scheint weit entfernt!

Doch in der Ferne tauchen drohende Schatten auf. Eine Gruppe Hammerhaie kommt näher, an ihrer Spitze ein stattliches Weibchen von über 2,5 Meter Länge. Sie hat eine schlimme Verletzung über der rechten Brustflosse. Ein tiefer Riss zerschneidet drei Kiemenspalten. Bisse eines Männchens während des Paarungsakts? Die Gruppe schwimmt in fünf Metern Höhe über die Reinigungsstation hinweg, ohne dass sich irgendjemand um sie kümmert. Die Haie verschwinden, um nach zwei Minuten wiederzukommen, dieses Mal schwimmen sie knapp über dem Boden. Ich halte den Atem an und versuche mit dem Felsen zu verschmelzen, um die scheuen Hammerhaie nicht zu erschrecken. Sie kommen direkt an mir vorbei, das große Weibchen ist sehr langsam. Sein Kopf pendelt hin und her, immer wieder kann man die schrecklichen Wunden sehen. Wie auf Kommando verlassen der Schweinslippfisch und die drei Schmetterlingsfische ihren Putzplatz und nähern sich dem verletzten Hai, um ihn zu untersuchen. Sie haben nur wenig Zeit, bis der Hai das Korallenriff wieder verlassen hat. Haie können nicht einfach anhalten; um genügend Sauerstoff über die Kiemen aufnehmen zu können, müssen sie sich mit offenem Mund durchs Wasser bewegen. Die

Falterfische putzen einen Hammerhai (Galatée Films)

Schmetterlingsfische zögern, ihm zu folgen, gehen das Risiko schließlich aber nicht ein, sondern schwimmen zu den wartenden Stachelmakrelen zurück und fahren mit ihrer Putzaktion fort. Doch überraschenderweise kommt das Haiweibchen zurück, um seine Wunden versorgen zu lassen! Sie dreht noch zwei weitere Runden, damit sich die kleinen Fische um sie kümmern können.

Wie der Hammerhai kommt auch der äußerst scheue Fuchshai zur täglichen Inspektion bei den Putzerfischen aus der Tiefe nach oben. Um anzukündigen, dass er als Patient und nicht als Jäger kommt, vollführt er eine Abfolge von Verrenkungen und schwimmt große konzentrische Kreise, um sich nicht zu weit von der Reinigungsstation zu entfernen. So können die Lippfische (*Labroides dimidiatus*) mit den Säuberungsarbeiten beginnen und nach Herzenslust die Parasiten verspeisen, die ihren Jäger befallen haben und schlimme Krankheiten auslösen können.[55]

Auch die Grauen Riffhaie gehören zur Kundschaft. Sie verharren an Ort und Stelle, richten den Kopf leicht nach oben und öffnen das Maul. Die Lippfische machen sich an den Zahnzwischenräumen zu schaffen, durchforsten die Kiemen und schwimmen ungerührt durch die Kiemenspalten. Niemals würde ein Raubfisch einen Putzerfisch bei der Arbeit fressen.

Jeder Hai, ob er von weither kommt, in der Gegend lebt oder in der benthischen oder pelagischen Zone beheimatet ist, weiß um die lebenswichtige Funktion der kleinen Verbündeten. Ähnliches gilt in der gesamten Tierwelt, wie es La Fontaines Fabel *Der Löwe und die Ratte* beschreibt.

Putzerfische: Fulltime- oder Gelegenheitsjob?

Es gibt mehr als 130 Arten von Putzerfischen oder -garnelen.[56] Einige sind Spezialisten mit besonderen Fähigkeiten, wie die Lippfische, die auch als erwachsene Tiere nicht größer als zehn Zentimeter werden. Andere, wie die Schweinslippfische (*Bodianus sp.*), üben diese Tätigkeit nur als Jungfische aus. Wieder andere, wie die Schmetterlingsfische oder die Engelsfische, sind nur halbtags damit beschäftigt. Und schließlich gibt es Gelegenheits-Putzer wie die mexikanischen Bastardmakrelen (*Trachurus symmetricus*), die ich in Guadalupe dabei beobachtet habe, wie sie die Wunden eines riesigen Weißen Hai-Weibchens reinigten.

Putzer sind unverzichtbare „Pflegekräfte" der Bewohner der maritimen Ökosysteme (Fische, Haie, Schildkröten, Säugetiere). Ausnahmslos alle verdanken diesen unscheinbaren Helfern ihre Gesundheit. Der Einfluss ihrer Pflegetätigkeit auf das ökologische Gleichgewicht ist wahrscheinlich größer als der der Spitzenprädatoren. Das Team von Peter Waldie führte über acht Jahre lang ein Experiment an 18 Korallenriffen durch und zeigte, dass das Ökosystem ohne Putzerfische aus den Fugen gerät: Die Artenvielfalt sinkt um 23 Prozent, die Zahl der dort ansässigen Fische geht um 37 Prozent zurück. Durch Parasiten geschwächt oder gar getötet, erreichen sie ihre volle Größe nicht mehr. Zudem siedeln sich Jungfische von riffbesuchenden Arten seltener auf einem Riff ohne Putzerfische an (67 Prozent Abnahme). Das gilt eingeschränkt auch für erwachsene Tiere besuchender Arten (23 Prozent weniger), deren Artenvielfalt an Riffen ohne Putzerfische um 33 Prozent sinkt. Es betrifft vor allem pflanzenfressende Arten (66 Prozent Rückgang), mit der Folge, dass die Algen üppiger wachsen und die Korallen überwuchern. Bemerkenswert ist auch, dass Lippfische pro Tag im Durchschnitt 2297 Patienten versorgen und dabei im Schnitt 1218 Parasiten entfernen, eine außergewöhnliche Leistung.[57]

Wie bei den Ärzten im Leben der Menschen gibt es auch unter den Putzerfischen mehr oder weniger geschätzte Helfer. Auch die Reinigungsstationen werden unterschiedlich oft frequentiert. Und das hat nichts mit dem Standort, sondern mit dem Angebot zu tun. Putzerfische fressen lieber Schleim als Parasiten und bedienen sich manchmal zu großzügig am Schleim ihrer Patienten. Grobiane, die ihnen mit den Parasiten die Haut herausreißen, werden von den Klienten ebenfalls gemieden. Die Putzerfische haben deshalb selbst ein Interesse daran, einfühlsam vorzugehen, wenn sie reichlich Ruderfußkrebse, Hautschuppen und Schleim fressen wollen.[58]

An manchen Orten gibt es ganze Kolonnen von Putzerfischen, potenzielle Kunden werden regelrecht überfallen! Ich habe im Oktober im Schutzgebiet der Kokosinseln (Costa Rica) erlebt, wie sich Dutzende von Falterfischen buchstäblich auf die Hammerhaie stürzten, um deren Wunden zu reinigen. Die Haie taten alles, um ihre „Pfleger“ abzuschütteln.

Die Beute begehrt auf

Dort, wo Überfluss herrscht, ist der Hai einer unter vielen und wird manchmal sogar von seiner Beute „verfolgt“. Die Beziehung zwischen Jäger und Beute ist ambivalent, was besonders an den Regenbogenmakrelen (*Elagatis bipinnulata*) deutlich wird, die Weißspitzen-Riffhaie verfolgen, um sich an

Ein Weißspitzen-Riffhai wird von Regenbogenmakrelen angegriffen (Galatée Films), ein Stachelrochen von einer Gruppe Großaugenmakrelen.

ihrer rauen Haut zu reiben. Die Haie versuchen vergeblich, die Angriffe der lästigen Schmarotzer abzuschütteln.

In diesem Zusammenhang fällt mir eine lustige Szene aus dem Film *Unsere Ozeane* von Jacques Perrin und Jacques Cluzaud ein. Sie zeigt einen Schiffshalterfisch, der sich in die Kiemenspalte eines Blauhais flüchtet, als ob er dort zu Hause wäre.[59]

Während der Expedition *Weißer Hai* erforschten wir am 3. August 2000 die Gewässer rund um Dyer-Island, im Süden des Kaps der Guten Hoffnung. Diese Insel ist das Refugium Hunderter Kap-Pelzrobben (*Arctocephalus pusillu*) und Brillenpinguinen (*Spheniscus demersus*). Letztere machen gerne Jagd auf Sardinen, die in dieser Gegend reichlich vorkommen. Ein kleiner Pinguin sprang genau in dem Moment ins Wasser, als sich ein vier Meter langer Weißer Hai näherte. Er sah den an der Oberfläche schwimmenden Pinguin sofort, drehte ab und verschwand, um dann im Kielwasser des Pinguins mit hohem Tempo wieder aufzutauchen. Doch wer war der Angreifer? Der Pinguin! Er hieb mit dem Schnabel auf den Kopf des Hais ein, der auf der Stelle die Flucht ergriff.

Drei Jahre später, am 30. April 2003, war ich wieder dort unterwegs. Die Haie ließen auf sich warten, bis endlich einer im grünen Wasser auftauchte. Es war ein Männchen. Ich hielt den Atem an und blieb ganz still, um ihn nicht zu erschrecken.

Ich versteckte mich im Seetangwald und brachte meine Kamera in Stellung. Der Hai schwamm im schwachen Gegenlicht durch die Algen, als sich ohne Vorwarnung drei Zitterrochen auf ihn stürzten. Ich konnte gerade noch sehen, wie auch die Robben nach ihm bissen, während er im aufgewühlten Wasser die Flucht ergriff.

Der „Weiße Hai", eine Beute wie jede andere

Selbst der dominante Weiße Hai arrangiert sich mit anderen, vor allem mit anderen Prädatoren.

Als ich im Jahr 2000 meine erste Expedition als wissenschaftlicher Leiter des Programms „Deep Ocean Odyssey" unternahm, hielten sich schätzungsweise 500 Weiße Haie zwischen dem Kap der Guten Hoffnung und dem Kap Agulhas auf, die 150 Kilometer Luftlinie voneinander entfernt sind. Mehr als 70.000 Pelzrobben, 17.000 Brillenpinguine und unzählige kleinere Haie, wie zum Beispiel Katzenhaie (*Poroderma sp.*), sorgten für ein reiches Nahrungsangebot. Ein Paradies für Weiße Haie und ein perfekter Ort für Taucher, um sie zu beobachten.

15 Jahre später hatte sich dieses Paradies in eine Hölle verwandelt. 2017 und 2018 war dort kein einziger Weißer Hai mehr anzutreffen. Gleichzeitig stellten Wissenschaftler einen steilen Anstieg der Population von Breitnasen-Siebenkiemerhaien fest, die man vorher in diesen Gewässern nicht gesichtet hatte.[60] Diese wagemutigen und aggressiven Raubfische jagen in Gruppen. Waren sie der Grund für das Verschwinden der Weißen Haie? War die Konkurrenz zu groß? Oder haben die Breitnasen-Siebenkiemerhaie einfach den Platz in der vakanten

ökologischen Nische eingenommen? Niemand konnte die Frage abschließend beantworten, bevor nicht ein weiterer Räuber auftauchte: zwei riesige Orcas, die man Port und Starboard taufte. 2017 fand man am Strand sieben Kadaver von ausgeweideten Weißen Haien, deren Leber gefressen worden war. Die Indizien schienen klar auf die Orcas zu deuten, die dafür bekannt sind, nur die schmackhaftesten Organe der Haie zu fressen.

Sollten diese beiden innerhalb von zwei Jahren mehrere Hundert Weiße Haie überwältigt haben? Das war äußerst unwahrscheinlich. Ihre Anwesenheit hätte die Haie sicher beunruhigt, aber die Orcas hätten zunächst einmal die Breitnasen-Siebenkiemerhaie vertreiben müssen, die sie ebenfalls jagen. Und das war nicht der Fall.[61]

Oder waren die Orcas und die Breitnasen-Siebenkiemerhaie vielleicht nur Sündenböcke? Wollte man von den wahren Gründen für das Verschwinden der Weißen Haie ablenken, der industriellen Grund- und Langleinen-Fischerei? Deren Flotten waren und sind nicht zum Fangen der Weißen Haie unterwegs, sondern haben es auf deren Hauptnahrungsquelle abgesehen: Haie der Gattung *Galeus* und *Poroderma*, die 60 Prozent ihres Speisezettels ausmachen. Astronomische Mengen dieser kleinen Haie werden nach Australien exportiert, dort verarbeitet und als *Fish & Chips* verzehrt. Der Einbruch der Population in den Gewässern Südafrikas ist so massiv, dass Wissenschaftler bereits an die Öffentlichkeit appelliert haben, auf „Haifisch & Chips" zu verzichten.[62]

1988 waren wir mit den beiden Cousteau-Schiffen *Calypso* und *Alcyone* in den Gewässern von Papua-Neuguinea unterwegs. Die *Alcyone* war unser Schiff mit *Turbosail*-System. Meinen Tauchkameraden Clay Wilcox und Louis Prézelin war es gelungen, sich zwei Orcas zu nähern, die plötzlich in die Tiefe stießen, um einen zwei Meter langen Sandbankhai zu jagen und sich danach einen Mantarochen zu packen, den sie vor Louis' Kamera genüsslich verspeisten. Viele weitere Tauchgänge haben bestätigt, welch immensen Druck Schwertwale auf die Haie ausüben.[63] Und man versteht jetzt besser, warum sich der Weiße Hai in den Gewässern der Farallon-Inseln vor Kalifornien von den Seeelefanten-Kolonien (*Mirounga angustirostris*), die sie sonst gerne jagen, fernhalten, wenn sich Orcas nähern.[64]

Der Hai, ein quasi unverzichtbarer Teil des Ökosystems

Ob Spitzenprädator oder nicht, der Hai ist Teil der Wechselbeziehungen des marinen Ökosystems. Und auch im Moment seines Ablebens ist sein Beitrag für das Ökosystem unverzichtbar: Wenn sein Kadaver in die Tiefe sinkt, dient er den Aasfressern der Tiefsee als Nahrung. Ohne Sonnenlicht für die Fotosynthese gibt es in der Tiefsee keine Primärproduktion durch Pflanzen. Die Organismen der Tiefe sind auf die Chemosynthese von Hydrothermalbakterien angewiesen, aber ernähren sich vor allem von dem, was nach unten sinkt. Diese Nahrung erreicht sie in Form von „organischem Schnee", der aus winzigen Planktonabfällen besteht, die ständig vom „Himmel des Ozeans" nach unten rieseln. Manchmal sinkt aber auch der Kadaver eines Wals, eines Thunfischs, Schwertfischs oder Hais in die Tiefe. Nirgendwo auf der Welt ist der Tod als Quelle des Lebens so wichtig wie in der Tiefsee, wo Kadaver Oasen bilden, die viele Jahre existieren. Die besonders fettreichen Walkadaver können sogar die Basis der Entwicklung chemosynthetischer Bakterien bilden, von denen sich Würmer, Krebstiere und Tiefseefische ernähren, manchmal über Jahrzehnte hinweg.[65] Hai- und Rochenkadaver halten nicht so lange vor, weil ihr Körper nicht so fetthaltig ist und ihr Knorpelskelett schneller verzehrt wird. Trotzdem zeigen die seltenen Beobachtungen von Hai- und Rochenkadavern auf dem Boden der Tiefsee, dass auch sie zur Ernährung der Lebewesen in den untersten Wasserschichten beitragen, wie Tiefseehaie, Aalmuttern (*Pachycara crassiceps*) und Flohkrebse.[66]

Kapitel 7

Im Ozean zu Hause

Brief an meine Freunde, die Menschen

„Ich wurde 1748 geboren. In diesem Jahr war die Seine in Paris komplett zugefroren. Im Januar war es so kalt, dass selbst die Olivenbäume in der Provence erfroren sind. Die Durchschnittstemperatur lag bei –13 Grad Celsius. Durchaus angenehm aus meiner Sicht. Leider war der Juni mit einer Durchschnittstemperatur von 36,9 Grad glühend heiß.[1] Etwa zur gleichen Zeit wurde Lahore vom afghanischen König Ahmad Schah Durrani eingenommen, der zuvor die Truppen des mongolischen Generals Shah Nawaz Khan am Fluss Ravi besiegt hatte. Die englische Flotte scheiterte bei dem Versuch, Puducherry einzunehmen. Und König Ludwig XV. unterschrieb den Vertrag von Aachen und beendete damit den Erbfolgekrieg mit Österreich … Und noch etwas: Monsieur de Montesquieu hat *Vom Geist der Gesetze* veröffentlicht. Und ein neapolitanischer Bauer die Ruinen von Pompeji entdeckt, die seit mehr als 1600 Jahren, genauer seit 79 n. Chr., unter der Asche des Vesuvs begraben lagen. Die Zeit meines Ur-Ur-Großvaters … Was für eine Aufregung! Meine lieben Menschen, Ihr und ich, wir leben nicht im gleichen Rhythmus.

Ich bin Eqalussuaq, der Grönlandhai, aber Eure Forscher haben mich *Somniosus microcephalus* genannt. Ich bin 274 Jahre alt, aber einige meiner mehr als sechs Meter langen Brüder sind fast 500 Jahre alt! Sie wurden in der Zeit Eures Christoph Kolumbus geboren, der meinte, er sei der Erste, der den Ozean überquert hätte ... Unsere Art hat das Privileg, die längste Lebensdauer aller Wirbeltiere zu haben.[2] Dafür erreiche ich erst mit 120 Jahren die Geschlechtsreife. Unnötig zu sagen, dass ich bei diesem Rhythmus Zeit und Ruhe brauche, um meine Nachkommenschaft zu sichern. Glücklicherweise lebe ich am Ende der Welt, in den eisigen Gewässern der Arktis. Ich liebe tiefes und kaltes Wasser (vier Grad Celsius), in dem ich ganz tief unten bis zum Golf von Mexiko schwimmen kann.[3] Auch den Sankt-Lorenz-Strom mag ich sehr, dort bin ich häufig, auch wenn das Wasser bis zu 16 Grad warm werden kann. Ich bin ein Kaltblüter. Ich schwimme langsam, etwa 2,7 Stundenkilometer, in meinem eigenen Rhythmus.

Mein entfernter Cousin, der Lachshai, macht es noch besser. Auch er lebt in den kalten Gewässern nahe der Beringsee, wo er selbst den Winter am Rand des Packeises verbringt.[4] Er besitzt mit seiner *Rete mirabile*, einem Geflecht feinster Arterien, einen Wärmeregulator. Obwohl das Wasser nicht wärmer ist als ein Grad, kann er mit einer Geschwindigkeit von 50 Stundenkilometern unterwegs sein und seinen zwei Meter langen und 100 Kilo schweren Körper aus dem Wasser wuchten, wenn er jagt. Er verdankt diese außergewöhnliche Leistungsfähigkeit seiner Körpertemperatur, die 20 Grad Celsius wärmer sein kann als das umgebende Wasser! Genau wie die Säugetiere ist er endotherm.[5] Diese Trumpfkarte eröffnet ihm Lebensräume, die mir verschlossen sind, er erreicht sogar die 20 Grad warmen Gewässer von Hawaii, Tausende Kilometer von unserer kalten Welt entfernt. Einer von ihnen hat in weniger als zwei Jahren 18.000 Kilometer zurückgelegt! Seht, Ihr Menschen, unser Raum-Zeit-Rhythmus ist sicher nicht der Eure ... Haltet inne, respektiert Alter und Erfahrung und überdenkt Eure Einstellung zu uns.

Euer ergebener Eqalussuaq

Die Wanderungen der Haie

Wie soll man sich die für unsere Augen unsichtbare Odyssee der Haie in den Tiefen des Ozeans vorstellen? Ahnungen und Vermutungen darüber gibt es schon lange. Bereits die Fischer und Naturforscher früherer Generationen haben ihre Streifzüge mit Interesse verfolgt und ihr Auftauchen und Verschwinden festgehalten. Marcel de Serres, der als Erster die Migration von Fischen untersucht hat, schrieb bereits 1845: „Im Süden Frankreichs kann man beobachten, dass der Zug der Sardinen mit dem der Makrelen übereinstimmt, das gilt auch für die Thunfische und die Haie. Diese Parallelität wiederholt sich regelmäßig, es muss ein Instinkt sein, der die periodischen Wanderungen dieser Tiere steuert, dem sie sich nicht widersetzen können."[6] Dabei entdeckte er auch Weiße Mittelmeerhaie, die er *Squalus carcharias* nannte.

Aber wie kann man diesen Wanderungen folgen, wenn sie unsichtbar unter der Wasseroberfläche stattfinden?

Jaques-Yves' Sohn Jean-Michel Cousteau war 1990 fest entschlossen, das Geheimnis der Wanderungen der Weißen Haie in den Gewässern im Süden Australiens zu ergründen. Mit einer für die damalige Zeit außergewöhnlichen Ausrüstung ging sein Team an Bord der *Alcyone* und nahm Kurs auf Dangerous Reef, wo die weltweit größte Kolonie Australischer Seelöwen (*Neophoca cinerea*) lebt, eine Lieblingsbeute des Weißen Hais. Barry Bruce, ein junger Wissenschaftler, wollte wasserdichte akustische Signalgeber am Rücken der Haie anbringen, um ihnen aus der Distanz folgen zu können. Ein schwieriges Unterfangen, denn er musste mit seinem Empfänger genau über dem Hai mit dem Sender bleiben, wenn er ihn nicht verlieren wollte. Es waren erschöpfende Nächte ohne

Schlaf, in einem kleinen Boot mitten auf dem Meer, nur ein schwaches „Piep … piep … piep“ im Ohr. Damals gab es noch keine Laptops, man konnte die Signale nicht gleichzeitig aufzeichnen. An Bord der *Alcyone* verfolgte man die Position des Bootes mithilfe des Radars und trug sie handschriftlich auf eine Seekarte ein … eine mühevolle Kleinarbeit, die es überhaupt erst möglich machte, während 22 Stunden über eine Strecke von 36 Seemeilen, etwa 65 Kilometern, der Spur von Antoinette zu folgen, einem hübschen Hai-Weibchen. Nach dieser gelungenen Premiere und zwei Jahren Forschungsarbeit schrieb Jean-Michel: „Die Weißen Haie schwimmen etwa 20 Meter tief. […] Männchen und Weibchen […] leben üblicherweise getrennt. Die Weibchen in den Gewässern des Insel- und Riffsystems Dangerous Reef, die Männchen eher rund um die Neptun-Inseln.“[7]

Kleine Sender auf großer Reise

30 Jahre später untersuchen Barry Bruce und sein CSIRO-Team (Commonwealth Scientific and Industrial Research Organisation) an gleicher Stelle die gleiche Hai-Population, aber mit winzigen ultramodernen Satellitensendern. Mit überraschendem Ergebnis: Die Haie sind bei ihren Wanderungen Tausende Kilometer unterwegs gewesen. In weniger als fünf Monaten hat ein Weibchen sogar 12.240 Kilometer zurückgelegt und ist dabei mehr als 1000 Meter tief getaucht.[8] Dies bestätigte die Beobachtungen südafrikanischer Forscher, die den Spuren von Nicole gefolgt waren, einem anderen Weißen Hai-Weibchen, das in sechs Monaten mehr als 20.000 Kilometer durch den Indischen Ozean schwamm.[9]

Warum diese langen Reisen, wo es doch entlang der Küsten Australiens und Südafrikas ausreichend Nahrung gibt? Und was ist mit den anderen Hai-Populationen? Denen in den Gewässern von Guadalupe im nördlichen Pazifik, wo wir für die Dreharbeiten zum Film *Unsere Ozeane* unterwegs waren?

Guadalupe, Treffpunkt der Liebespaare?

10. November 2006. Heute Morgen gibt es keine Strömung, das Wasser ist reich an Plankton. Es ist unser sechstes Zusammentreffen mit den Weißen Haien. Ich lasse mich 15 Meter unter der Wasseroberfläche treiben. Ein nervös wirkendes Männchen mit geteilter Rückenflosse schwimmt hin und her, ohne sich mir zu nähern. Ein Weibchen gesellt sich dazu, bleibt aber ebenfalls auf Distanz. Nichts, was den Kameramann Didier Noirot und den Fotografen Pascal Kobeh zufriedenstellt, die ich etwa 20 Meter von mir entfernt ausmache. Plötzlich habe ich den Eindruck, dass sich von unten etwas nähert. Etwas schemenhaft Graues, das langsam Kreise zieht, sich dann streckt und beschleunigt. Die Silhouette wird deutlicher, bekommt Körper und Flossen, einen riesigen Hals. Die nach unten gerichteten Brustflossen verraten Anspannung. Es ist ein Hai-Weibchen, es kommt rasch näher, biegt erst wenige Meter vor mir ab und schwimmt vorbei. Ich bemerke den kleinen hellen Fleck am Ansatz der Schwanzflosse, der weiße Bauch hebt sich deutlich von den dunklen Brustflossen ab; auffällig sind die tiefen Risse an der linken Seite, von der Brust bis zum Kopf. Es handelt sich um die fünf Meter lange Lady Kathy, den umschwärmten Star unter den Hai-Damen,

die sich im Herbst hier versammeln. Die Narben stammen wahrscheinlich von einem feurigen Verehrer …

Schwimmen Haie etwa bis nach Guadalupe, um sich fortzupflanzen? Verbergen die steilen Felsen der Vulkaninsel, die bis zum Boden des Pazifiks in 3000 Metern Tiefe reichen, ihre heimlichen Liebesspiele?

White Shark Café

Die Ergebnisse der Satellitensender sind eindeutig, sie beweisen, welche unglaublichen Strecken diese Ladys zurücklegen: Die Gewässer um die Insel Guadalupe sind tatsächlich das Gebiet, in dem sich ein Großteil der Weißen Haie des Nordostpazifiks paaren. Haie unternehmen nicht nur weite Ausflüge; die Weibchen verbringen, entgegen bisheriger Annahmen, auch mehr Zeit auf hoher See als an den Küsten (65 Prozent).[10]

Die Reisezeit beginnt Anfang Februar. Männchen und Weibchen trennen sich und brechen auf. Manche schwimmen 4500 Kilometer bis nach Hawaii. Sie verlassen die Oberflächenzone und tauchen bis zu 1000 Meter tief. Im Laufe ihrer langen Reise machen die Haie Station am White Shark Café, einem geheimnisvollen Gebiet mitten im Nordostpazifik, irgendwo im Nichts, wo sich die Haie der Guadalupe-Population mit denen aus Kalifornien treffen. Ein Phänomen, für das es noch keine Erklärung gibt. Die hydrologischen Bedingungen in mittleren Tiefen (oberhalb von 600 Metern) scheinen ideal zu sein, hier tummeln sich Kalmare, Thunfische und Schwertfische.[11] Das White Shark Café mit seinem reich gedeckten Tisch ist offenbar die perfekte Raststätte an der Grenze des Mesopelagials[12], der Dämmerzone, die sich von

200 bis 1000 Meter Tiefe erstreckt. Nach der Schlemmerei ziehen die Haie weiter, jeder für sich.

Jedes Jahr kommen die Männchen pünktlich im August nach Guadalupe zurück. Die Weibchen hingegen überspringen eine Saison. Sie wandern zwei Jahre lang durch den Nordpazifik. Ihre lange Reise fällt mit der nicht minder langen Tragezeit von etwa 18 Monaten zusammen. Während dieser Zeit sucht das trächtige Weibchen nahrungsreiche Gebiete im Pazifischen Ozean auf. Ihre Hauptbeute besteht aus Riesenkalmaren (*Architheuthis*), Thunfischen und Schwertfischen. Hin und wieder verschmäht sie auch einen Walkadaver nicht.

Am 14. Januar 2019 wurde die 50 Jahre alte und sechs Meter lange Deep Blue, das berühmteste Haiweibchen von Guadalupe, gefilmt, wie es im Süden vor O'ahu, einer der Hauptinseln des Hawaii-Archipels, an einem Pottwalkadaver fraß.[13] Sie war viel dicker als sonst, aber nicht, weil sie zu viel gefressen hatte, sondern weil sie trächtig war.

Wie die anderen trächtigen Hai-Weibchen auch, kehrte Deep Blue in die Gewässer vor der Halbinsel Baja California oder in den Golf von Kalifornien zurück, um einen guten Platz für die Niederkunft zu suchen. Kein Mensch weiß, wo sich diese Geburtsplätze befinden, und niemand hat dieses Ereignis je miterlebt. Was man aber weiß: Deep Blue wird wieder nach Guadalupe zurückkehren, drei Monate nach der Niederkunft.[14]

Reisen – eine gute Schule für junge Haie

Die ersten Tage der neugeborenen Haie wurden nur sehr selten beobachtet, man weiß nur wenig darüber. Aber es gibt alle möglichen Hypothesen: Halten sie sich von der Wasseroberfläche fern, um Zusammentreffen mit älteren Tieren zu vermeiden, die womöglich tödlich enden würden? Oder bleiben sie eher in Ufernähe? Eine Studie über junge Haie in australischen und neuseeländischen Gewässern[15] hat gezeigt, dass jedes Tier seinen eigenen Weg geht. Manche bevorzugten die küstennahen Zonen, andere schwammen nach Norden in die tropischen Gewässer von Papua-Neuguinea, etwa 6000 Kilometer von ihrer Kinderstube entfernt. Wieder andere zog es nach Süden in die subantarktischen Gewässer. Die wagemutigsten legten in 32 Monaten fast 40.000 Kilometer zurück, einmal rund um die Erde!

Die Reisen der Haie und die Kontinentaldrift

Sind die Weißen Haie des Nordatlantiks[16] schlauer? Auch sie legen weite Strecken zurück, ihr Wandergebiet erstreckt sich vom Golf von Mexiko über die Azoren bis ins südliche Grönland. Sie erkunden das Wasser an der Oberfläche, das bis zu 32 Grad warm sein kann, und tauchen dann nach unten, um in 1100 Meter Tiefe bei vier Grad Celsius zu jagen. Unter Haien gibt es große Entdecker, auch sie haben ihren Marco Polo … Das majestätische Hai-Weibchen Nukumi unternahm eine außergewöhnliche Reise entlang der amerikanischen Ostküste bis nach Neuschottland, bevor es den Atlantik durchquerte. Eine schier unglaubliche Wanderung, deren Ende niemand voraussehen, deren Verlauf man aber live im Internet verfolgen konnte.[17] Eine Parallele zu Deep Blue im Pazifik.

Die Weißen Haie im Mittelmeer, die Marcel de Serres beobachtet hatte, bleiben dagegen ein Mysterium. Sicher ist nur, dass einige riesig sind. 1956 wurde 300 Meter vor dem Hafen von Sète ein 5,89 Meter langer Gigant aus dem Wasser gezogen.[18] 1987 fing man ein Tier in den Gewässern vor Malta, das mehr als sieben Meter lang war! Durch genetische Untersuchungen fand man heraus, dass die Vorfahren dieser Riesen aus Neuseeland[19] stammten, viele Tausend Meilen vom Mittelmeer entfernt. Diese erstaunliche Erkenntnis lässt zwei Erklärungsansätze zu. Der erste: Haie durchqueren die Weltmeere und überwinden ohne Schwierigkeiten die Äquatorgrenze. Den zweiten halten wir für wahrscheinlicher: Die Population der Haie im Mittelmeer ist ein Relikt der Population von Weißen Haien, die vor Urzeiten im Weltozean unterwegs waren, als dieser noch nicht durch die Kontinente getrennt war.

Die Landbrücke zwischen Nord- und Südamerika schloss sich vor 3,5 Millionen Jahren (manche Wissenschaftler gehen von zehn Millionen Jahren aus[20]), Pazifik und Atlantik wurden voneinander getrennt. Die marinen Wandertiere konnten die bisherige Meeresverbindung nicht mehr nutzen. Dieses tektonische Ereignis führte außerdem zu einer gewaltigen Veränderung der tropischen Meeresströmungen, die von den Passatwinden erzeugt werden, die von Ost nach West wehen. Die Strömungen wurden auf ihrem Weg nach Westen durch den Kontinentalwall aufgehalten und umgeleitet. Das hatte natürlich gravierende Folgen für die Meeresbewohner auf beiden Seiten des Äquators. Die aus der nördlichen Hemisphäre blieben im Norden, die anderen im Süden, der ursprünglichen Heimat der Weißen Haie. Nach der zweiten Hypothese müsste es sich bei den Mittelmeerhaien also um Wandertiere handeln, die aus Australien und Neuseeland kamen, nach der Bildung der mittelamerikanischen Landbrücke im Nordatlantik isoliert waren und sich dann im Mittelmeer niederließen. Die im Pazifik verbliebenen wären die Urpopulation von Lady Kathy, Deep Blue und ihren Verwandten.[21]

Die Kontinentaldrift beeinflusst die Entstehung der Arten

Eine Reise durch Raum und Zeit. Die Kontinentaldrift trennt Tierpopulationen, reißt Familien auseinander, und in der Folge bilden sich neue Arten. Fossilien beweisen, dass die heutigen Schwarznasenhaie (*Carcharhinus acronotus*) aus dem Atlantik und die Weißnasenhaie (*Nasolamia velox*) aus dem Pazifik vor 3,7 Millionen Jahren eine gemeinsame Spezies waren, bevor sich die Meerenge von Panama schloss und sie trennte.[22]

Das ist sicherlich nicht der einzige Grund für die Entstehung neuer Arten. Winzige Verhaltensunterschiede oder Abgrenzungen in den Kulturen führen zu sympatrischen Artbildungen, das heißt der Entstehung neuer Arten, die im selben Gebiet mit den Ursprungsarten zusammenleben. Aussagekräftige Beispiele dafür sind die Delfine der Shark Bay (s. Kapitel 5) oder die Valdés-Orcas.[23] Aber der Einfluss tektonischer Verschiebungen wird häufig ignoriert, weil der zeitliche Rahmen unser Vorstellungsvermögen sprengt.

Alle Arten, die bis zum Miozän (zwischen 23 Millionen und 5,3 Millionen Jahren v. Chr.) den Ozean bevölkerten, mussten sich nicht mit der Äquatorialgrenze auseinandersetzen, die durch die Schließung der Meerenge von Panama entstanden ist und zu einer grundlegenden Veränderung der Oberflächenströmung geführt hat. Von einigen Arten rund um den Äquator einmal abgesehen, gibt es heute nur wenige Meerestiere, die von einer Hemisphäre in die andere wechseln.

Der Riesen- oder Pilgerhai jedoch scheint dieser Regel nicht gehorchen zu wollen. Er nutzt die Tiefenströmungen, die „hydrologischen Tunnel", um den Äquator zu überqueren. Dieser Hai, den man entlang der bretonischen Küste beobachten

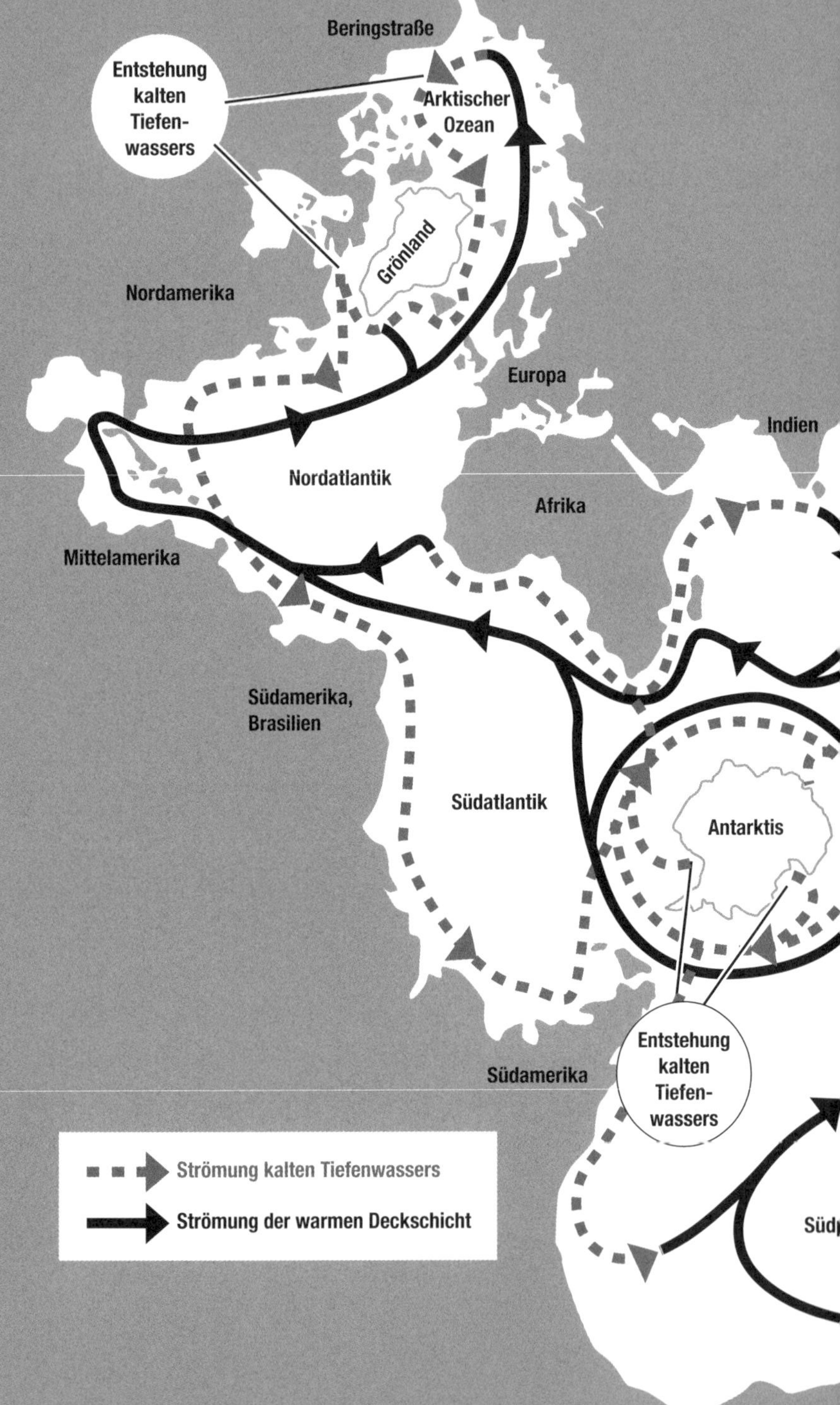

Beringstraße
Entstehung kalten Tiefenwassers
Arktischer Ozean
Grönland
Nordamerika
Europa
Indien
Nordatlantik
Afrika
Mittelamerika
Südamerika, Brasilien
Südatlantik
Antarktis
Entstehung kalten Tiefenwassers
Südamerika
Strömung kalten Tiefenwassers
Strömung der warmen Deckschicht

Das globale Förderband der Weltmeere

Nach einer Projektion von Athelstan Spilhaus

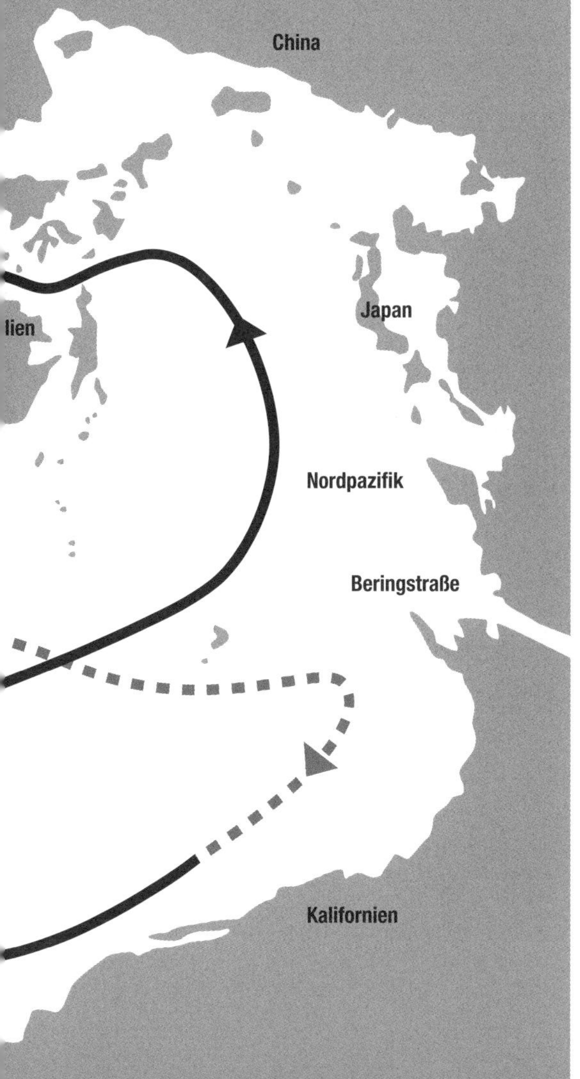

Das globale Förderband (thermohaline Zirkulation) der Weltmeere, schematische Darstellung nach einer Projektion von Athelstan Spilhaus.

kann, migriert bis in den Amazonas und sogar über den zehnten südlichen Breitengrad hinaus, entlang der Küste Brasiliens[24]. Warum legt er eine so unglaublich weite Strecke zurück? Aus dem gleichen Grund wie der Weiße Hai und so viele andere auch: um sich fortzupflanzen.

Haie gibt es in allen Ozeanen, an der Oberfläche oder in der Tiefe, in Küstennähe oder auf hoher See. Die „globalen Schwimmer" aus der Vorzeit kannten nur einen zusammenhängenden großen Ozean. Dies wirkt bis heute nach.[25] Betrachtet man einen Globus, zeigt sich deutlich die Vorherrschaft der Meere, die Kontinente wirken wie Inseln.[26]

Geheime Informationen im weiten Blau

Haie durchqueren den Ozean, als wäre er ihr Garten. Ohne Schwierigkeiten orientieren sie sich in der dichten Wassermasse, in der es keine Bezugspunkte zu geben scheint. Sie schwimmen wie ferngesteuert bis zu dem Ort, an dem sie sich fortpflanzen, und legen Tausende von Kilometern zurück, um nahrungsreiche Gebiete zu erreichen. Aber wie können sie sich über solche Distanzen in einer immer gleichförmigen Umgebung orientieren?

Tatsächlich ist das Meer kein homogenes, sondern ein unglaublich heterogenes Lebensumfeld und reich an Informationen für den, der sie verstehen kann. Temperatur, Salzgehalt, Dichte und Geschmack des Wassers sowie die Strömungsgeschwindigkeit sind solche Hinweise.

Die Weltmeere bestehen aus gewaltigen unterschiedlichen Wassermassen, die sich überlagern oder gegenüberstehen, aber sie vermischen sich nicht, genauso wenig wie Öl mit Wasser.

Temperatur und Salzgehalt bestimmen ihre Konsistenz: je kälter das Wasser (bis zu vier Grad Celsius), desto dichter, je salziger, desto schwerer. Die Kombination aus beiden Parametern charakterisiert jede Wassermasse. Manche sind so dicht, dass sie weniger dichte regelrecht durchfluten.

Die ozeanische „Achterbahn“

Wenn die Wassertemperatur unter –1,9 Grad Celsius sinkt, bildet sich auf der Oberfläche des Arktischen Ozeans Packeis. Das Gefrieren führt zur Abscheidung eines Teils des im Meerwasser gelösten Salzes. Es bilden sich sehr kalte und damit sehr dichte Soleblasen, die absinken und sich zu einem Tiefenstrom verbinden, der bis in die südliche Hemisphäre fließt und in 1000 Jahren einmal um die Welt gelangt. Diese „thermohaline Zirkulation“, die man auch globales Förderband nennt, bringt die Geschmäcker der Arktisregion bis in den Indischen und den Pazifischen Ozean …

Der Abfluss dieses Wassers aus dem Nordpolarmeer wird durch den Zustrom warmen Oberflächenwassers kompensiert, das aus der tropischen Zone kommt. Ein System erdumspannender Strömungen entsteht, das von beständigen Passatwinden verstärkt wird, die das Oberflächenwasser der tropischen Regionen von Osten nach Westen schieben. Auch weniger regelmäßig auftretende Winde wie der Mistral tragen dazu bei. Auch sie drücken das Oberflächenwasser auf die hohe See und ziehen das Tiefenwasser an, um es zu ersetzen.

Diese zirkulierenden Wassermassen begegnen sich, die Aromen ihrer Ursprungsregionen treffen aufeinander. Gigantische Strudel bilden sich, deren Aromen von Nährsalzen und dem Plankton bestimmt werden, die sich dort entwickeln. Die ozeanische Suppe ist voller Vielfalt.

Für die Haie sind die Grenzen der einzelnen Wassermassen gut sichtbare Zeichen, wie für uns zum Beispiel Wolken am blauen Himmel. Orientierungspunkte, die sie brauchen, um sich in der unendlichen Weite zurechtzufinden.

Kompass im Kopf

Der Erdmagnetismus ist noch verlässlicher und reicher an Informationen als die Referenzpunkte im Wasser, und die Haie nutzen ihn wie wir den Kompass. Obwohl man noch nicht genau weiß, welches Organ die Magnetfelder aufnimmt, haben zahlreiche Versuche ergeben, dass alle Haie und Rochen sehr feine Antennen haben.[27] Sie registrieren nicht nur das Magnetfeld der Erde[28] wie viele andere Wandertiere auch, sondern sind zudem sensibel für magnetische Anomalien, die vom Vulkangestein der unterirdischen Gebirge ausgehen. Ja, sie spüren sogar die Veränderungen des Magnetismus, die mit den Gezeiten und mit den Meeresströmungen[29] einhergehen. All diese Signale kann der Hai empfangen und sich daran orientieren[30], genau wie wir an Verkehrsschildern.

Navigationsfehler als Quelle der Entstehung von Arten

Aber der Erdmagnetismus ist nicht konstant. Ganz im Gegenteil, die Magnetfelddrift ist allgegenwärtig.[31] Seit ungefähr zehn Jahren beschleunigt sie sich. Der magnetische Nordpol bewegt sich von Kanada auf Sibirien zu, im Augenblick mit einer Geschwindigkeit von 55 Kilometern pro Jahr.[32]

Die Drift kann so stark sein, dass sich das Magnetfeld umpolt: Der magnetische Nordpol wandert dann nach Süden und der magnetische Südpol nach Norden.[33] Die Umpolung des Erdmagnetfelds kommt etwa alle 200.000 Jahre vor, wobei lange Ruheperioden für Stabilität sorgen. Die Zirkulationsphasen hingegen bringen Unruhe, die gewohnten Referenzpunkte der Wandertiere verschieben sich, was sie verstört und in andere Regionen leiten kann. Zudem führen die häufigen lokalen Ausbrüche unterirdischer Vulkane zu schwerwiegenden Veränderungen im Magnetfeld, was ebenfalls Navigationsfehler zur Folge haben kann.

Schließlich führen Klimaveränderungen zur Verschiebung thermischer Fronten. Durch all diese Veränderungen ihrer Referenzpunkte irren viele Wandertiere umher und landen zur Fortpflanzung in Regionen, die weit von ihren Geburtsorten entfernt liegen. Dort gründen sie neue Kolonien, die wiederum zu neuen Populationen und Arten führen.

Kleiner Exkurs über Fehler und Anpassung

Navigationsfehler als Impuls zur Artbildung! Fehler, immer wieder Fehler. Fehler sind der Antrieb der Evolution.

Bevor die Sexualität im biologischen Sinn zu Vielfalt und neuen Kombinationsmöglichkeiten geführt hat, war die Reproduktion auf Teilungsprozesse begrenzt; Kopierfehler oder Brüche in der DNA waren die einzigen Quellen, um Unterschiede zwischen Eltern und Nachkommen entstehen zu lassen, was für die Artbildung unabdingbar ist. Noch heute gilt dieses Prinzip für einen Großteil der Lebewesen, die sich nicht sexuell fortpflanzen. Kopierfehler sind aus diesem Grund unerlässlich für die Diversifikation des Lebens auf der Erde. Wenn sich die Lebensumstände verändern, ist die Diversität der Arten der Garant für das Überleben. Je mehr Artenvielfalt es gibt, desto eher kann das Verschwinden einer Art infolge einer Naturkatastrophe durch das Auftauchen einer anderen kompensiert werden. Gleiches gilt auf Populationsebene. Je mehr individuelle Variabilität es gibt, desto höher sind die Überlebenschancen der Population. Unterschiede sind die Trumpfkarten des Lebens.

Aber auch die Anpassung kann eine Trumpfkarte sein: Wenn es nicht direkt geht, muss man Umwege machen. Wenn die Natur einen Fehler nicht nutzen kann, verändert sie einfach die Hauptfunktion eines Organs oder eines Verhaltens. Diese kleine Angleichung (oder Trickserei?) der ursprünglichen Gebrauchsanweisung führt ebenfalls zur Entstehung neuer Arten und weiteren Anpassungsphänomenen.

Nehmen wir zum Beispiel die Zähne. Eigentlich sind sie zum Zerbeißen und Zermalmen von Nahrung gedacht, aber die Hawaii-Preußenfische (*Dascyllus albisella*) benutzen sie als Kommunikationsinstrument. Die Knirschgeräusche werden durch Resonanz in der Schwimmblase verstärkt (noch eine Anpassung), sie intonieren Klickgeräusche, Klackern und Knarren. Kurz gesagt, sie machen einen Heidenlärm. Bald unterscheidet sich ihre „Sprache" von einer Population zur anderen, von einem Riff zum anderen.[34] Und nach und nach verstehen sich die Fische einer Population nicht mehr und pflanzen sich nicht mehr untereinander fort. Die Bildung einer neuen Art beginnt!

F. S. in einer Felsspalte – Pazifischer Ozean – Neukaledonien – Hienghène

Weißer Hai (*Carcharodon carcharias*) nahe der Wasseroberfläche – Pazifischer Ozean – Insel Guadalupe – Mexiko

F. S. bei den Dreharbeiten zu „Unsere Ozeane“ – Pazifischer Ozean – Insel Guadalupe – Mexiko
Weißer Hai (*Carcharodon carcharias*) – Pazifischer Ozean – Insel Guadalupe – Mexiko

F. S. beobachtet eine Rotstreifen-Partnergrundel (*Amblyeleotris rubrimarginata*) im Riff – Pazifischer Ozean – Neukaledonien
Guadalupe-Seebär (*Arctocephalus townsendi*) nahe der Wasseroberfläche – Pazifischer Ozean – Insel Guadalupe – Mexiko

Junger Nördlicher Seeelefant (*Mirounga angustirostris*) in flachem Wasser – Pazifischer Ozean – Insel Guadalupe – Mexiko

F. S. in einer Felsspalte in Hienghène – Pazifischer Ozean – Neukaledonien
F. S. und ein anderer Taucher unter einer blutroten Hornkoralle oder Gorgonie (*Melithaea* sp. oder *Subergorgia* sp.) am Eingang einer Höhle in Hienghène – Pazifischer Ozean – Neukaledonien

F. S. hinter einer blutroten Hornkoralle oder Gorgonie (*Melithaea sp.* oder *Subergorgia sp.*) mit Juwelen-Fahnenbarschen (Pseudanthias squamipinnis) – Pazifischer Ozean – Neukaledonien

El Monstro, der Unbekannte aus der Tiefe

Ein Fehler könnte auch die Geschichte der Vorfahren des Schildzahnhais (*Odontaspis ferox*) geschrieben haben, dem wir am 13. März 2001 in den Gewässern vor der Insel Malpelo, 500 Kilometer vor dem kolumbianischen Festland, begegnet sind. Ein Hai, dessen Holotypus, das namengebende Exemplar, bereits 1810 von dem großen Naturwissenschaftler Antoine Risso aus Nizza beschrieben wurde, der ihn im Mittelmeer entdeckt hatte, 10.000 Kilometer entfernt.

Meer und Himmel verschwimmen ineinander und trennen sich wieder. Der Wind aus Südosten zaubert weiße Schaumkämme auf die Wellen. Unser Schlauchboot hebt und senkt sich, und hin und wieder erkennen wir den 300 Meter hohen Gipfel der Vulkaninsel Malpelo, der sich aus dem Wasser hebt wie der Arm eines Schiffbrüchigen. Um *El Monstro,* den Herrscher der Tiefe, an der Grenze seines Reiches zu treffen, sind das nicht gerade ideale Bedingungen.

Die Biologin Sandra Bessudo hat den Schildzahnhai 1998 während eines Tauchgangs schemenhaft ausmachen können, in dieser Gegend des Pazifiks ein unerwartetes Bild. Ein Rätsel, auch noch an der Schwelle zum 21. Jahrhundert.

Mit meinen Kameraden Yves Lefèvre und Jean-Marc Bourg lasse ich mich ins Wasser fallen, um dem Rätsel auf die Spur zu kommen. Sofort erfasst uns eine heftige Strömung, die uns in Sekunden voneinander trennt. Wie ein Strohhalm werde ich vom Wasser mitgerissen, hilflos fixiere ich den Boden unter mir auf der Suche nach einem festen Halt. Zehn Meter unter mir taucht die Spitze eines Unterwasservulkans auf. Dort kann ich mich vielleicht festklammern. Ich lasse mich nach unten bis zum rettenden Felsen treiben. Meine Kameraden schließen sich an. Kein Zweifel, wir haben die Welt der Erdlinge verlassen und das Reich des Hais betreten. Entlang des Vulkanfelsens tauchen wir weiter in die schwindelnde Tiefe, das Gestein ist mit roten Algen und großen Seepocken bewachsen. Als wir näher kommen, flüchten sich grüne Muränen in ihre Verstecke. Wir sind in 41 Metern Tiefe, an der Grenze zur Thermokline, der Zone zwischen den Wasserschichten unterschiedlicher Temperatur. Das Wasser wird kühler, die Temperatur beträgt 21 Grad Celsius. Wir sind in der Welt der Meereswesen …

Dort ist er, etwa 30 Meter tiefer. Eine graue Silhouette, die an der mit Muschelschalen bedeckten Felsflanke entlanggleitet. Ich atme aus und lasse mich rasch nach unten sinken, dann atme ich tief ein, um das Tempo zu vermindern. Der Hai und ich begegnen uns. In 72 Metern Tiefe, das Wasser ist klar, die Kälte macht mich etwas benommen, genau wie die schiere Größe des Tieres. Der Hai ist mindestens vier Meter lang, die Zähne stehen kreuz und quer … *El Monstro* macht seinem Namen alle Ehre.

Weder Marcos Scheinwerfer, die die Narben auf seinem Körper plastisch erscheinen lassen, noch Yves' riesige Kamera machen ihm Angst. *El Monstro* strotzt vor Selbstbewusstsein. Er schwimmt unbeirrt weiter, ohne sich von seinem Kurs abbringen zu lassen, wenige Meter von mir entfernt. Unsere Blicke kreuzen sich. Sein weiß umrandetes schwarzes Auge verfolgt mich. Wer bin ich für ihn? Kann er mich überhaupt erkennen, oder bin ich nur eine dunkle Masse, die leuchtende, blubbernde Blasen von sich gibt? Hört er meinen regelmäßigen Herzschlag? Registriert er die Druckwellen, die die Strömung stören? Rieche ich für ihn schlecht? Spürt er eine Anomalie im Magnetfeld? Was kann sein Gehirn, das so anders ist als das unsere, angesichts eines Objekts, das er noch nie gesehen hat, erfassen und registrieren?

Auch ich fixiere den Hai: Es ist ein Weibchen, dessen spindelförmiger grauer Körper in einer ungleich geformten Schwanzflosse endet, mit einem kreisrunden Auge ohne Nickhaut, eine Rückenflosse steht senkrecht zu den Brustflossen. Ich registriere instinktiv: Dieses Weibchen ist ein Schildzahnhai und sieht gefährlich aus.

Aber gehört dieses Weibchen tatsächlich zur gleichen Art wie *Odontaspis ferox*, den man vor mehr als zwei Jahrhunderten im Mittelmeer entdeckt hat, das seit 3,5 Millionen Jahren keine Verbindung mehr mit dem Pazifik hat[35]? Und wenn ja, wie ist das Tier hierhergekommen? Haben seine weit entfernten Vorfahren sich im Laufe ihrer transozeanischen Wanderungen verirrt? Sind sie im Südpazifik in die Falle gegangen? Was führt das Hai-Weibchen heute in diese Gegend, weit von seinem dunklen, kalten Reich entfernt? Ist es allein? Will es hier niederkommen? Muss es in der obersten Wasserschicht Nahrung suchen, weil die industrielle Fischerei den Boden leergefischt hat? Oder ist es einfach unsere Unwissenheit und Schnelllebigkeit, die uns diese Wanderung so ungewöhnlich erscheinen lässt? Statt Antworten zu liefern, führen solche Entdeckungen nur zu neuen Fragen, eine unbehaglicher als die andere.

Um dem Phänomen auf die Spur zu kommen, befestigt Sandra Bessudo einen Sender am Körper des Herrschers der Tiefe, der die Charakteristika der Orte aufzeichnet, die er aufsucht, der Ökosysteme, in denen er sich aufhält... Wer weiß besser als er selbst, wie er zielsicher durch die Strömungen kommt, wie er die nahrhaftesten Zonen findet, wo sich die Tierwelt im Überfluss versammelt? Ihre ersten Ergebnisse

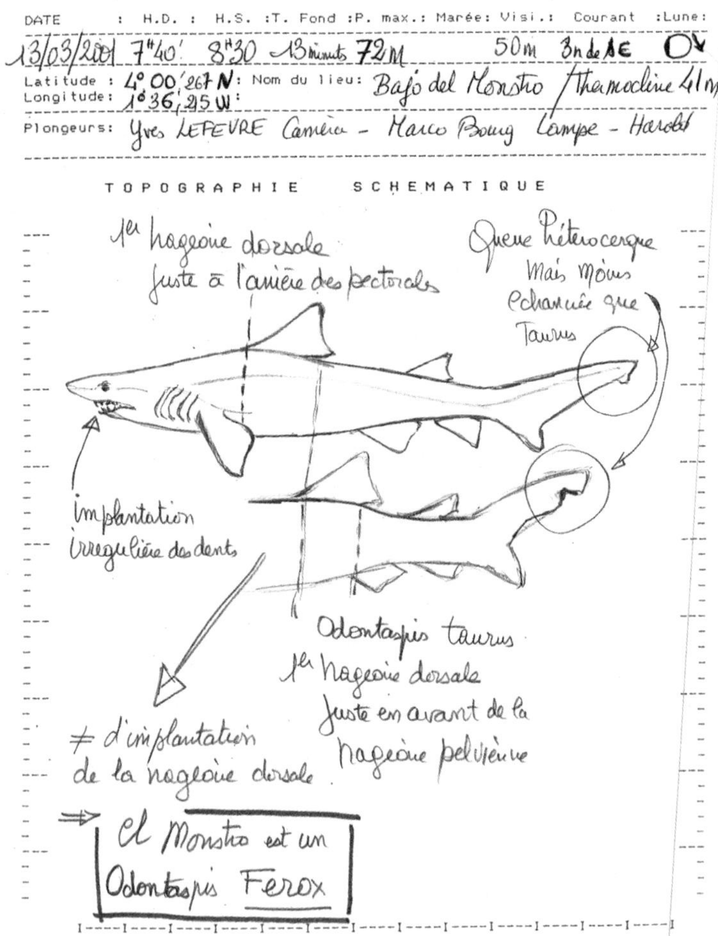

Erste Skizzen zu *El monstro* (*Odontaspis ferox*). Tauchtagebuch des Autors.

bestätigen seine schier unglaublichen Reisen zwischen Malpelo und den Galapagosinseln, häufig in etwa 400 Meter Tiefe. Leider liefern die Untersuchungen keine Informationen über die Beziehungen zu dem Schildzahnhai im Mittelmeer. Sie bleiben ein Rätsel.

Haie, die bedrohten Meeresforscher

Schon häufig wurden Sender am Körper von Haien[36] angebracht, die an die Oberfläche kommen und dann wieder in der Tiefsee verschwinden. Die Sender registrieren die Charakteristika der Wassermassen, lokalisieren warmes Tiefenwasser und liefern wichtige Informationen über die Auswirkungen des Klimawandels auf die Tiefsee, in der sich das Leben sammelt.

Für derartige Grundlagenforschungen sind die Haie verlässliche Partner. Durch sie, wie auch durch Zugvögel, erhalten wir wichtige Informationen über Gebiete, die uns Menschen nicht zugänglich sind. Und wie danken wir es ihnen? Wir nehmen ihre Dienste in Anspruch und setzen sie auf ihren Wanderungen todbringenden Gefahren durch unsere Profitgier aus. Sobald sie die eingerichteten Schutzzonen[37] verlassen haben, werden sie wegen ihrer Flossen abgeschlachtet oder von Netzen erfasst, in die sie eigentlich nicht gehören. Noch schlimmer ist es auf hoher See, dort herrscht Willkür, die nationalen Schutzmaßnahmen greifen nicht, und die Ozeane werden von skrupellosen Geschäftemachern und Kriminellen geplündert.

Werden die Haie verschwunden sein, noch bevor wir sie richtig verstanden haben?

Kapitel 8

Unscharfe Umrisse

11. Juni 2014. Ein warmer Morgen. Der Hafen im tunesischen Zarzis ieuchtet in Blau und Weiß. Eine Armada von dicht aneinandergedrängten Holzbooten in allen Größen reckt ihre Masten gen Himmel, die rote Nationalflagge mit Halbmond und Stern flattert im Wind. Eine maritime Karawanserei, eingehüllt in den Gestank von Fischeingeweiden.

Die Kais verschwinden fast unter den Bergen von Tontöpfen für die Tintenfischjagd. Die Fischer sitzen am Boden und flicken ihre Netze. Sich den Weg zu dem ganz am Rand liegenden Langleinenschiff zu bahnen, ist ein Abenteuer. Es hat eine weite Fahrt hinter sich, war vor der libyschen Küste im Einsatz, die bis dato unberührt war, weil dort unter der Herrschaft Muammar al-Gaddafis Fangverbot herrschte. Der ganze Hafen ist in Aufruhr. Was aus dem Bauch des Schiffes gehievt wird, ist überraschend: etwa 40 Zackenbarsche von jeweils 50 Kilo Gewicht, ein Dutzend zwei Meter lange und 60 Kilo schwere Sandbankhaie, ein kleiner Spitzkopf-Siebenkiemerhai und Dutzende von Roten Drachenköpfen mit mindestens 50 Zentimeter Länge. Der Fang einer einzigen Nacht!

Dieser „Sensationsfang" stürzt mich in tiefe Verzweiflung. Die Fische mit ihren glanzlosen Augen sind meist alte Tiere, manche sicher älter als 50 Jahre. Eine für immer ausgelöschte Generation, die niemals ersetzt werden kann, weder zu unseren Lebzeiten noch zu denen unserer Kinder, denn das

Ausladen von Sandbankhaien im tunesischen Zarzis, 14. Juni 2014

Ausbeutungstempo ist hoch und lässt den Fischen keine Zeit mehr zum Altwerden.

Aufsehenerregende Fische, die es so nicht mehr gibt. Man müsste ab jetzt 50 Jahre auf jeglichen Fischfang verzichten, um dann wieder derart alte und imposante Zackenbarsche und Rote Drachenköpfe zu finden. Biologische Schätze, denn ihre Fortpflanzungsfähigkeit übertrifft jene der Jungtiere wesentlich.

Bei den Haien ist es noch schlimmer, ihre Fruchtbarkeit ist von Natur aus gering (s. Kapitel 3). Im Mittelmeer sind nicht nur die riesigen Altfische verschwunden, sondern ganze Arten, die wir nicht mehr als Jungtiere erleben werden.

Verschwundene Schätze, vergessen für immer. Der sensationelle Fang unterstreicht unsere ökologische Amnesie und ist ein Beweis für die überreiche Fauna des Mittelmeers, die schon frühere Naturforscher beschrieben haben: „Jedes Jahr sehen wir vor unseren Küsten unzählige Fischschwärme auf Wanderschaft, [...]. Sardellen, Sardinen und Makrelen tauchen zuerst auf, [...], gefolgt von Thunfischen und Haien, die immer als Letzte kommen. Wir sehen Makrelen, die Sardinen fressen, Thunfische, die Makrelen verschlingen, und Haie, die Thunfische jagen. [...]. Lieber lassen sie sich an die Küsten treiben, als diesen schrecklichen Tod zu erleiden. [...] Unter den Haien ist der Weiße Hai, *Squalus carcharias*, an den Küsten der Provence weitverbreitet. [...] Einer seiner Gefährten ist der Blauhai, *Squalus glaucus* [...], der bis zu fünf Meter lang werden kann! Der Heringshai, *Lamna nasus*, wiegt fast 300 Kilo, genau wie der Hammerhai, *Squalus zygaena*, den man in der Provence *gat* oder ‚Katze' nennt..."[1]

Wo haben sich all die Haie getummelt, von denen der Naturforscher Marcel de Serres in seinem 1840 veröffentlichten Referenzwerk berichtet? Um diese Frage zu beantworten, haben der Regisseur Stéphane Granzotto und ich die Fischerhäfen des Mittelmeers bereist[2], sind durch Frankreich, Italien, Algerien gefahren ... Immer wieder hörten wir: „Ihr hättet vor 30 Jahren hier sein sollen, jetzt bleibt nur noch Tunesien, der Golf von Gabès ... das wichtigste Fortpflanzungsgebiet für Mittelmeerhaie. Selbst der Weiße Hai kommt zur Niederkunft dorthin."[3]

Auf der Suche nach den letzten Sandbankhaien

13. Juni 2014, 33°29' nördliche Breite, 11°34' östliche Länge. Im Golf von Gabès weht ein strammer Nordwind. Kamels Fischerboot, die *Kais II*, von der aus er gerade die Netze ausgelegt hat, zerrt an ihrem Anker. Der Kutter, auf dem wir eine Woche lang unterwegs sein wollen, wird in den gischtenden Wellen hin- und hergeworfen. In der Ferne verschwindet die rote Boje, die den Anfang des Netzes markiert, immer wieder im Wasser, ein Anzeichen für die Stärke des Seegangs. Unser Tauchgang entlang des gefährlich auf- und absteigenden Netzes wird unsere ganze Aufmerksamkeit erfordern.

Trotz des aufgewühlten Wassers hoffen wir, dass unser Kameramann René Heuzey Sandbankhaie filmen kann, die von den Fischen im Netz angezogen werden, und wir somit ihr Vorkommen beweisen können. Die Hoffnung verwandelt sich in Enttäuschung: Was sich in den Maschen des Netzes verfangen hat, ist äußerst dürftig: drei tote Grüne Meeresschildkröten, ein Dutzend kaum 50 Zentimeter lange Jungtierhaikadaver, von Meeresschnecken angefressen, und ein Schmetterlingsstachelrochen (*Gymnura altavela*), eine vom Aussterben bedrohte Art. Kein großer Hai, weder lebendig noch tot … Auch nach sechs weiteren Tauchgängen ist das Bild immer noch das gleiche. Nach einer Woche kommt der beste Fischer von Zarzis unverrichteter Dinge zurück und murmelt nur: „*Inschallah!*"

Aber nicht Allah hat die letzten Haie des Mittelmeers ausgerottet, sie sind der gewissenlosen Überfischung zum Opfer gefallen. Sandbankhaie kamen früher zu Hunderten in die Küstengewässer des Golfs von Gabès, um sich fortzupflanzen, und trugen zum Wohlstand der Fischer von Zarzis bei. Doch

Gefangene Blauhaie nach einem Wettbewerb sogenannter „Sportfischer“ in Port-Camargue, 1980

der Sandbankhai, von dem man annahm, seine Bestände seien unerschöpflich, ist weitgehend verschwunden … In einer Zeitspanne von zehn Jahren (2007–2017) ist der Fang trotz der Freigabe neuer Gebiete bis in die libyschen Küstengewässer hinein um 43 Prozent zurückgegangen.[4]

Und nicht nur die Zahl der Haie nimmt dramatisch ab, die Tiere erreichen oft nicht einmal die Geschlechtsreife! Die Fischer resignieren, unser Freund Kamel fischt nun Schwämme.

Im nördlichen Mittelmeer sind die Haie schon lange ausgerottet. Den sagenumwobenen Weißen Hai von 5,89 Meter Länge, den man 1956 etwa 300 Meter vom Hafen von Sète entfernt gefangen hat, habe ich ausgestopft im Museum von Lausanne gesehen. Dort traf ich auch Jean Licciardi, den letzten Fischer von Sète, der im Jahr 1991 in der Nähe der Küste einen Weißen Hai gefangen hat. Das Schicksal aller anderen Haiarten war nach dem Höhepunkt der Ausbeutung (1985 wurden 25.000 Tonnen abgefischt) Ende der 1990er-Jahre besiegelt. 97 Prozent der Populationen von Blauhaien und Makohaien sind verschwunden![5] Die industrielle Fischerei ist nicht der einzige Grund, der Sargnagel war die Hobbyfischerei. Wissenschaftler der Internationalen Union für den Erhalt der Natur (IUCN) betonen, dass die Freizeitfischerei eine Katastrophe ist, denn die Amateure kennen oft die Schutzbestimmungen nicht und fangen auch noch das, was die industrielle Fischerei übrig gelassen hat.[6] Bis schließlich gar nichts mehr da ist. Auch die kleineren Arten, die sich oft noch schneller vermehren, werden nicht verschont.

In einem Teppich aus Haien tauchen

Ich erinnere mich gut an den Tauchgang am 8. August 1971 vor dem Badeort La Couronne nahe Marseille. In 45 Metern Tiefe ist das Wasser nicht wirklich klar, wie so häufig in dieser Jahreszeit. Myriaden winziger Reste von Krebstieren, Larven von Seeigeln und Seesternen sowie *Globigerinidae,* gehäusetragende Einzeller, formen wattebauschartige Gebilde, die in dieser dichten Flüssigkeit schwimmen. Das Hinuntertauchen durch dieses organische Geriesel ist atemberaubend, aber die Ankunft am Meeresboden macht mich endgültig schwindlig. Tiefenrausch? Nicht bei 45 Metern. Aber der Boden gibt nach, er bewegt sich, schiebt sich übereinander. Der Boden ist lebendig: ein unentwirrbarer Teppich aus Dornhaien, die heute vom Aussterben bedroht sind. Die knappen Notizen aus meinem Tauchtagebuch dokumentieren dieses Erlebnis, das sonst vielleicht übertrieben klingen könnte. Mit der Zeit verblasst die Erinnerung, aber das Geschriebene bleibt und erzählt von einem Mittelmeer, das es längst nicht mehr gibt. Am 5. August 1972, ebenfalls in den Gewässern vor La Couronne, etwa 40 Meter tief: 15 Katzenhaie, riesige Meeraale unter einem Gewölbe aus Korallen. 5. August 1971: überall Langusten auf dem Korallenriff, unzählige Drachenköpfe, Meeraale, Hummer …

Überall auf der Welt die gleiche Geschichte

Zu einer anderen Zeit, an einem anderen Ort: der gleiche Reichtum. Die unglaublichen Schilderungen der Meeresbiologin und Fotografin Anita Conti, die mehr als 35 Jahre lang

(1934–1970) mit Fischerbooten im Atlantik unterwegs war, wirken heute wie ein Märchen.[7] Einige ihrer Fotos sind spektakulär. Auf einem, das den nüchternen Titel „Rückkehr von einer Jagd auf Haifische, Senegal 1945"[8] trägt, sieht man sieben riesige Tigerhaie, zwischen denen ein Mann mühevoll einen weiteren Giganten an Land zieht. Im Hintergrund eine Gruppe plaudernder Männer, die sich nicht um die Szene kümmern: ein üblicher Fischzug, nichts Besonderes …

Die Tigerhaie waren an der westafrikanischen Küste einmal so zahlreich, dass man das aus ihrer riesigen Leber gepresste Öl exportierte, die furchterregenden Kiefer wurden zum Verkauf angeboten. Die Inselgruppe der Kapverden war bekannt für die dort in großer Zahl lebenden mächtigen Raubfische. Als ich im November 2001 mit dem Fotografen Fred Bassemayousse dorthin gereist bin, um eine Reportage über die „berühmten Tiger der Kapverden" zu machen, hatten wir besondere Vorkehrungen getroffen, für den Fall, dass die Haie zu groß oder besonders angriffslustig sein würden. Mit den besten Führern der Gegend unternahmen wir viele Tauchgänge, aber einen Hai fanden wir nicht. Allerdings gab es weiterhin Haikiefer in den Boutiquen am Strand zu kaufen. „Die kommen aus Afrika, hier gibt es keine Haie mehr", erklärte man uns.

Wenn Hemingway heute *Der alte Mann und das Meer* schreiben würde, gegen welche Haie müsste der Held seinen legendären Schwertfisch verteidigen? In der Karibik gibt es keine großen Haie mehr und auch nicht im Golf von Mexiko. Die Geschichte der Fischerei in dieser Region ist aufschlussreich. Zwischen 1940 und 1979 gab es eine kleine Fischflotte, die Haie jagte, um die Bedürfnisse der einheimischen Bevölkerung zu decken. Selbst das war eine Belastung für die Haie.

Auch wenn die Arten nicht unmittelbar gefährdet waren, wurden doch die großen und alten Tiere dezimiert. Zwischen 1980 und 1998 begann die industrielle Fischerei, vorrangiges Ziel waren das Fleisch und die Flossen. Die Zahl der Haie nahm rapide ab, mit der Folge, dass die einheimischen Fischer zu Beginn des 21. Jahrhunderts keine Arbeit mehr hatten.[9]

Diese fatale Entwicklung kann man rund um den Globus beobachten. Von Australien[10], wo die Zahl der gefangenen Weißen Haie, Tigerhaie und Hammerhaie drastisch gesunken ist, über die Weiten des Ozeans, wo der Weißspitzen-Hochseehai ausgerottet ist[11], bis nach Brasilien, wo der einstmals so verbreitete Atlantische Zwerghai (*Carcharhinus porosus*) heute vom Aussterben bedroht ist[12].

Laut dem Bericht der Weltnaturschutzunion von 2021 beschleunigte sich die Tragödie in letzter Zeit noch. Die Zahl der bedrohten Arten hat sich innerhalb von nur sieben Jahren verdoppelt: 391 Hai- und Rochenarten (mehr als ein Drittel aller Knorpelfischarten) sind vom Aussterben bedroht. Schlimmer noch, von den 1093 untersuchten Arten sind 99,6 Prozent durch Überfischung oder Beifang bedroht.[13]

Die Flossen der Schande

Grund Nummer eins für das Aussterben der Haie ist nicht die Jagd nach ihrem Fleisch, sondern die verantwortungslose Vermarktung ihrer Flossen.

38 Millionen Haie werden jedes Jahr wegen ihrer Flossen getötet. Die großen pelagischen Arten (Blauhai, Seidenhai, Hammerhai, Makohai[14]) zollen den höchsten Tribut. Sie werden regelrecht abgeschlachtet. Es geht wie am Fließband. Die

Langleinenfischerei lässt ihnen keine Chance. Die gefangenen Tiere werden an Bord gehievt, die Flossen abgeschnitten, und dann werden die Tiere lebend, aber verstümmelt, wieder ins Wasser geworfen. Das Fleisch ist nur von geringem Wert und blockiert die Ladekapazität der Schiffe, während getrocknete Haifischflossen bis zu 1000 Dollar pro Kilo kosten können. Zum Vergleich: Auf den gleichen Märkten wird ein Kilo Garnelen für sechs Dollar verkauft.[15]

Zu diesen Schätzungen, die sich auf offizielle Verkaufszahlen stützen, muss man den Schwarzmarkt hinzufügen, dessen Ausmaß man anhand von Zufallsfunden zumindest erahnen kann. Am 24. September 2021 fanden kolumbianische Regierungsbeamte mehr als 3500 für Hongkong bestimmte Haifischflossen, obwohl der Fang von Haien in Kolumbien verboten ist. Ein Jahr zuvor, am 7. Mai 2020, beschlagnahmte der Zoll in Hongkong, dem nach Guangzhou zweitgrößten Umschlagplatz für Haifischflossen weltweit, 26 Tonnen getrocknete Flossen, für die 38.500 Haie sterben mussten. Eine genetische Untersuchung auf dem offiziellen Markt in Singapur hat aufgedeckt, dass unter den 16 angebotenen Hai- und Rochenarten zwei streng geschützt und sechs weitere vom Aussterben bedroht waren.[16]

Noch absurder ist, dass Haifischflossensuppe weniger als Nahrungsmittel, sondern wegen ihrer gelatineartigen Konsistenz geschätzt wird – und natürlich als angebliches Potenzmittel.

Asien und die USA sind die Hauptabnehmer für Haifischflossen. Aber auch der europäische Markt trägt seinen Teil zum Abschlachten der Tiere bei; hier ist es vor allem die Kosmetikindustrie, die auf Haiprodukte zurückgreift. Eine von fünf Schönheitscremes enthält Squalan, ein Haileberölderivat, das das Eindringen der Creme in die Haut erleichtert. „Schätzungsweise drei Millionen Tiefseehaie werden jedes Jahr getötet, um den weltweiten Bedarf an Squalan zu decken.[17] Bei manchen Arten wurden 95 Prozent der Population allein durch die Schönheitsindustrie dezimiert", erklärt Claire Nouvian, die Direktorin der Forschungsgruppe Bloom[18], die eine umfassende Untersuchung über den problematischen Markt der Produkte auf Haibasis durchgeführt hat. Der Kosmetikmarkt floriert, die Nachfrage nach Haileber steigt. Immer mehr Labore versuchen neue Extraktionsverfahren[19], neue Anti-Aging-Cremes[20] und neue Krebsmedikamente zu entwickeln.[21] Dass das zulasten der vom Aussterben bedrohten Tiefseehaie geht, wird billigend in Kauf genommen. Dabei gibt es pflanzliche Ersatzprodukte mit dem gleichen Effekt, die jedoch teuer sind und kurzfristig weniger Profit versprechen.

Dass gewisse Forscher über „Biokraftstoff" aus Haileberöl nachdenken, setzt der gesamten Entwicklung die Krone auf![22] Falls dieser Kraftstoff tatsächlich entwickelt wird, wird man auch die Nachfrage befriedigen müssen. Sollte man diese Büchse der Pandora auch noch öffnen, wird es bald überhaupt keine Tiefseehaie mehr geben.

Alle Haiarten sind gefährdet, selbst solche, bei denen es aktuell noch nicht kritisch aussieht und deren Ausbeutung „geregelt“ geschieht. Denn „nicht vom Aussterben bedroht“ bedeutet ja keinesfalls „Reichtum“ und „Fülle“ wie noch vor einem halben Jahrhundert. Im Gegenteil, die Alarmglocken läuten bereits, man muss schon jetzt radikale Maßnahmen ergreifen, um den Fortbestand der Arten zu gewährleisten. Ansonsten wird der Druck der industriellen Fischerei übermächtig. Wartet man zu lange, ist es zu spät – wie so oft. Das betrifft auch kleine Haiarten, die in Frankreich fälschlicherweise unter dem Namen *Saumonette* verkauft werden (und in Deutschland unter Handelsnamen wie Seeaal, Schillerlocke oder Steinlachs). Hierbei handelt es sich nicht um Lachse, sondern um Dornhaie, Katzenhaie (*Scyliorhinus sp.*, nicht bedroht) oder Glatthaie (*Mustelus asterias*). Aber darüber schweigt man lieber. Sie werden in Restaurants und Großküchen gerne in Sauce serviert.[23]

Fangquoten sollen der Überfischung Einhalt gebieten. Aber sie basieren oft auf Daten zweifelhafter Glaubwürdigkeit, wie man beim Hundshai gesehen hat. Auch wenn seine Populationen um 88 Prozent abgenommen haben und sein Status auf der Roten Liste von „gefährdet“ (2014) auf „vom Aussterben bedroht“ (2020)[24] gestiegen ist, stehen für die Verantwortlichen die Ampeln immer noch auf Grün. Aber für Entschuldigungen à la „das haben wir nicht vorausgesehen“ ist es schon zu spät.

Das Fleisch der „Saumonette“ ist weitgehend grätenfrei und auch deshalb bei Großküchen (Pflegeheimen, Schulen) sehr beliebt, weil es wenig Aufwand erfordert und den

„Sicherheitsstandards" entspricht. Die Ausrottung einer Art allerdings hat fatale Folgen, es entsteht eine Art Dominoeffekt für alle anderen.

Die „Verwaltung des Mangels" reicht bei Weitem nicht aus, die frühere Fülle der kleinen Haie wieder herzustellen. Noch schlimmer sieht es bei den ausgewachsenen Großtieren aus, ein sichtbares Zeichen für ein gesundes Ökosystem. Sie scheinen unwiederbringlich ausgestorben, wie die Dinosaurier der Urzeit. Unsere Kinder werden sich mit vergilbten Fotos oder ausgestopften Haikadavern in Museen zufriedengeben müssen.

Haifleisch, Quelle von Schwermetallen

Wie alle marinen Lebewesen sind auch Haie und Rochen von der Umweltverschmutzung betroffen. Die schlimmsten Gifte (Pestizide, PCB, Blei, Kadmium, Quecksilber[25]) lagern sich in ihrem Fleisch ab[26]. Manchmal ist die Konzentration so hoch, dass es für Menschen nicht zum Verzehr geeignet ist.[27]

Was diese Gifte bei den Haien selbst anrichten, lässt sich nur erahnen.

Von den unmittelbar tödlichen Auswirkungen von Katastrophen einmal abgesehen, sind gravierende Schädigungen mit nachhaltigen Folgen für lebende Organismen nur schwer zu quantifizieren. Und noch schwerer zu beweisen. Auch nicht letale Dosen können mit der Zeit zu starken Störungen führen.[28] Doch der geschädigte Hai kann sich nicht beschweren. Wie soll man seine verringerte Widerstandskraft gegen Krankheiten und Temperaturunterschiede beweisen? Wie soll man verminderte Fruchtbarkeit, Missbildungen bei Embryos oder eine höhere Jungtiersterblichkeit auf Schadstoffe in niedriger Konzentration zurückführen? Selbst beim Menschen sind wir nicht in der Lage, die Synergie toxischer Wirkungen unterschiedlichen Ursprungs zu messen. Was man jedoch sicher sagen kann: Schwermetalle, PCB und andere Biozide, die wir in die Meere leiten, sind garantiert nicht förderlich für das maritime Leben und indirekt auch nicht für den Menschen.

Die verheerenden Folgen des Verzehrs von Rotem Thunfisch für die Gesundheit der Fischer von Minamata in Japan haben uns vor Augen geführt, dass Methylquecksilber für Menschen eine tödliche Bedrohung darstellt.[29] Die Auswirkungen auf Fische sind ähnlich schlimm: Ihr Gleichgewicht wird gestört, die Kiemendeckel flattern hektisch, und die Tiere verenden jämmerlich. Andere Schwermetalle, wie Kadmium oder Blei, haben Leber- und Kiemenschäden sowie Muskelschwund und Hautnekrosen zur Folge.[30]

Zu den Schwermetallen gesellt sich heute Makro- und Mikroplastik, das die marine Umwelt verschmutzt und die Nahrungskette beeinflusst. Auch hier haben Untersuchungen ergeben, dass ausnahmslos alle Haiarten betroffen sind[31]: große und kleine, Tiefseehaie[32] und solche, die in oberen Wasserschichten leben[33], Fleisch- und Planktonfresser.[34] Auch hier weiß man noch nichts über die Langzeitfolgen.

Taucher, die regelmäßig einzelne Tiere beobachten, bestätigen die Befürchtungen. Im Shark Reef Marine Reserve vor der Küste von Viti Levu auf den Fidschiinseln haben Forscher über einen Zeitraum von sieben Jahren einen von einem Angelhaken am Kiefer verletzten Bullenhai kontrolliert. Die Verletzung hat sich nach und nach in einen riesigen Tumor verwandelt.[35]

Der Einfluss des Klimawandels

Was soll man über die Erderwärmung sagen? Wie soll man den Einfluss auf den Ozean in seiner Gesamtheit erfassen, auf allen ökologischen Ebenen, global, regional und lokal? Der Klimawandel verändert die Dichte des Wassers und damit die großen Meeresströmungen. Er erhöht die Temperatur des Oberflächenwassers, bringt die Planktonproduktion durcheinander und damit das gesamte trophische Netz. Wie soll man voraussagen können, ob sich die verschiedenen Haiarten den veränderten Verhältnissen anpassen können, ob sie davon profitieren oder daran zugrunde gehen werden? Unter Laborbedingungen hat man die Wirkung der globalen Erwärmung auf bestimmte Arten schon untersucht. Die Entwicklung der Embryos des Braungebänderten Bambushais (*Chiloscyllium punctatum*) wird gestört, wenn die Wassertemperatur um die Eier 28 statt 24 Grad Celsius beträgt.[36] Etwa in dieser Größenordnung liegen die saisonalen Anstiege der Oberflächentemperatur weltweit schon heute.

Einige Wanderarten (Zitronenhai[37], Bullenhai) werden wahrscheinlich von der Erwärmung der Meere profitieren, sie können sich neue Gebiete erschließen, in denen es ihnen früher zu kalt war. So wandern sie heute entlang der Atlantikküste der USA nach Norden.[38] Manche Tiere sind besonders wagemutig, wie zum Beispiel der Bullenhai Frizzia, den wir 2019 und 2021 in Playa del Carmen in Mexiko beobachtet haben. Er begann seine Wanderung in Playa, und schon sieben Monate später wurde sein Funksignal in den Gewässern vor North Carolina aufgefangen.[39]

Neue Territorien, neue Gefahren

Dort, wo Schwimmer nicht mit Haien rechnen, steigt das Risiko gefährlicher Begegnungen. Das führt dazu, dass man die „Störenfriede" von den Stränden fernzuhalten oder auszurotten versucht. Diese „Sicherheitspolitik" hat dramatische Folgen für Arten, die sich nur selten fortpflanzen, wie Bullenhaie[40], Weiße Haie oder Tigerhaie. So ist zum Beispiel die Population der Tigerhaie in Südwest-Australien völlig ausgelöscht worden.[41]

Jeden Tag werden die Küstengebiete touristisch ein Stück weiter erschlossen und die Natur zurückgedrängt. Auf der anderen Seite versuchen die Haie ihren sich wandelnden Lebensraum so gut wie möglich zu nutzen. Wie kann man dieses Konfliktpotenzial entschärfen und eine friedliche Begegnung ermöglichen? Dürfen wir die Haie unseren Badefreuden opfern?

Kapitel 9

Die Konfrontation

Februar 1981, La Réunion. „Geht nicht am Cap La Houssaye tauchen, dort wimmelt es von Bullen- und Tigerhaien." Dieser Rat meiner einheimischen Freunde ist deutlich. Schwarzer Himmel, dunkelgrauer Basalt, weiße Gischt. Der Westwind peitscht gegen die Felsklippe, die in den Indischen Ozean ragt. Cap La Houssaye wirkt an diesem Morgen nicht gerade einladend. Nachdem ich untergetaucht bin und die aufgewirbelten Sedimente der obersten Schicht überwunden habe, kann ich durch das milchige Wasser den Grund erkennen. Er ist wie leergefegt. Die permanenten Weststürme haben einen Bewuchs auf dem Riff verhindert, nur ganz vereinzelt zeigen sich violette Algen und robuste Korallen auf dem rauen Vulkanboden. Außer einem Schwarm leuchtender Goldschnapper (*Lutjanus kasmira*) ist kaum Leben zu erkennen. Ein einsamer Trompetenfisch (*Aulostomus chinensis*) versteckt sich hinter dem Fächer einer Gorgone, die in der Strömung vibriert. Eine Unechte Karettschildkröte (*Caretta caretta*) verschwindet mit einem Schlag ihrer flossenartigen Paddel. So sehr ich auch nach den angekündigten großen Räubern Ausschau halte, es tut sich nichts. Kein Hai. Vielleicht ist es nicht der richtige Tag.

Gibt es überhaupt Tage, an denen in La Réunion häufiger Haie unterwegs sind? Nein. In den Gewässern rund um die Insel sieht man sie nur sehr selten[1], außerdem sind sie äußerst scheu. Aber die weitere Umgebung ist ein wahres Eldorado für Haie, den Weißen Hai eingeschlossen.[2]

Der böse Bullenhai

Dreißig Jahre später, im November 2013, bin ich wieder in La Réunion, auf der Suche nach Bullenhaien, die dort in den vergangenen drei Jahren fünf tödliche Unfälle verursacht haben sollen. Dieses Schreckensszenario hat die Bevölkerung in Angst versetzt und eine Hetzjagd auf die Tiere ausgelöst. Das Unterwasser-Naturschutzgebiet La Réunion[3] geriet in Verruf, das „Ökosystem durcheinandergebracht" zu haben, die Monsterhaie hätten sich dadurch dorthin zurückziehen und ungestört fortpflanzen können.[4] Eine Behauptung ohne Bestandsaufnahme, ohne Indizien, geschweige denn Beweise für die angebliche Zunahme der Hai-Population. Hauptsache, die Medien hatten eine Sensation. Wissenschaftler des Instituts für Forschung und Entwicklung IRD, die sich bemüht hatten, dem Phänomen auf die Spur zu kommen, wurden ebenfalls angegriffen.[5] Die Leitung der marinen Schutzzone sei für die Ereignisse mit verantwortlich, denn „zusammen mit den Wissenschaftlern/Naturschützern haben sie Zauberlehrling gespielt und ein Paradies für Kinder in ein Reservat für Monster verwandelt"[6].

Nach einem vergeblichen Vermittlungsversuch von Patrice Bureau, dem Präsidenten unserer Vereinigung „Longitude 181", wurde ich gebeten, mir ein Bild von der Lage zu machen. Ich schlug vor, dass sich alle Interessenvertreter vor Ort beteiligen sollten, um zu einem objektiven Ergebnis zu kommen. Mit Unterstützung des Tauchclubs Le Dodo Palmé haben wir Einheimische, Verwaltungsbeamte, Surfer und Strandbesucher zu einem Tauchgang eingeladen, um die Haie zu zählen. Das Resultat war eindeutig: Wir haben keinen einzigen Hai gesehen.

Aber es ist zu spät, das Urteil steht fest. Trotz aller Forschungsergebnisse und Erkenntnisse vor Ort. Man verlangt nach Rache, Auge um Auge, Zahn um Zahn. Das Irrationale gewinnt die Oberhand. Es muss ein Exempel statuiert und „Vergeltung" geübt werden. Als ob die Drohung mit der „Todesstrafe" die Haie beeindrucken würde.

Die brutale Antwort der Politik ist die exemplarische Ausrottung der Haie. Immer mehr „Strafjagden" sind die Folge. Sobald ein getöteter Hai am Strand liegt, wird man Zeuge hysterischer Szenen und von Freudenschreien. Ob dieses Opfer irgendetwas mit den Unfällen zu tun hatte oder nicht, spielt keine Rolle. Alle sind schuldig! Ein toter Hai? Na und? Was ist das schon im Vergleich zum Profit der Strandbars und Surfschulen?

Zu den „Vergeltungsaktionen" kommen präventive Tötungen. Man ermutigt Amateurfischer, ihren Teil beizutragen[7], und setzt Einkaufsgutscheine für Supermärkte[8] als Belohnung für jeden gefangenen Hai aus. Und das ist längst nicht alles. Um die Haie auszurotten, werden mit Thunfischködern bestückte Langleinen vom Schwimmbereich bis zur Grenze der Schutzzone ausgelegt. Die Wissenschaftler der maritimen Schutzzone stellten 170 Verstöße fest, die von Regierungsorganen selbst begangen wurden. Der Staat setzt keine Grenzen fest, weder was die Zahl der getöteten Haie noch die Dauer der Jagd angeht. Hauptsache, der Druck lässt nicht nach. Bis heute wurden für die Jagd auf die Haie von La Réunion mehr als 11 Millionen Euro ausgegeben.[9]

Der gute Bullenhai

14. Januar 2021, Playa del Carmen, Mexiko. Im Taucheranzug. Ich warte. Hier in Mexiko hofft man jedes Jahr auf ihre Rückkehr, auf einen möglichst langen Aufenthalt. Es geht um eine Gruppe von etwa 60 Bullenhai-Weibchen, die gleiche Art wie auf La Réunion: *Carcharhinus leucas*. Aber hier, in Playa del Carmen, einem der populärsten Touristengebiete Mexikos, werden die Bullenhaie nicht nur wertgeschätzt, die Fischer werden sogar dafür bezahlt, ihre Angelhaken und Netze anderswo auszulegen. Und wenn sie aus Versehen einen unaufmerksamen Hai erwischen, werden sie entschädigt, wenn sie ihn wieder freilassen. Mit einer Prämie für den entgangenen Gewinn. Das hat dazu geführt, dass in Playa del Carmen gute Chancen bestehen, tatsächlich einem Bullenhai zu begegnen.

Kaum bin ich im Wasser, sehe ich etwa 25 Meter unter mir bauchige Silhouetten, die dicht über dem hellen Sandboden zu tanzen scheinen. Die weit ausgebreiteten Brustflossen unterhalb des breiten Kopfes, ein langgestreckter, spindelförmiger Körper. Bullenhaie wirken trotz ihrer Größe elegant, vereinen Kraft, Beweglichkeit und Grazie. Dort unten sind fünf Weibchen, vier haben einen deutlich gerundeten Bauch und werden in den nächsten Tagen niederkommen. Sie schwimmen langsam, ihrer Stärke bewusst, so dicht über dem Boden, dass ihre Brustflossen regelmäßig kleine Sandwolken aufwirbeln. Sie zeichnen rätselhafte Linien auf den flachen Untergrund. Neben mir schwimmen ein Dutzend andere Taucher, die so etwas noch nie erlebt haben. Manche genießen diese erste Begegnung mit einem Bullenhai, andere haben ihr mit Angst entgegengesehen und lieber niemandem von ihrem Vorhaben erzählt, damit sich keiner Sorgen macht.

Ein Weibchen kommt näher, perfekt ausbalanciert gleitet sie mühelos durchs Wasser, um ihren Kopf schwimmen kleine Stachelmakrelen, es wirkt wie ein Heiligenschein. Die Gegenströmung lässt ihre Bewegungen dynamischer werden. Unter der kantigen Schnauze erkennt man ein leicht geöffnetes Maul. Die dunkelgrauen Augen scheinen mich hypnotisieren zu wollen und lassen mich nicht mehr los. Noch drei Meter. Ich halte den Atem an und presse mich noch tiefer in den Sand, aber näher will sie nicht kommen. Sie biegt ab und präsentiert ihre rechte Seite. Ich erkenne sie, es ist Jenny. Die beiden ersten Kiemenspalten verbinden sich unverkennbar zu einem X. Der Wissenschaftler Mauricio Hoyos hat 2009 während seiner Tauchgänge in Playa del Carmen eine Art Ausweis für sie angelegt. Seit nunmehr elf Jahren erfreut Jenny die Taucher mit ihrer Anwesenheit.

Auch meine jungen Begleiter berichten nach der Rückkehr auf das Schiff voller Freude und Dankbarkeit, wie ganz anders alles war, als sie es sich vorgestellt hatten. Sie haben ihre Angst überwunden, ihr Blickwinkel hat sich verändert. Nie mehr werden sie Haie nach Größe und Gewicht beurteilen. Jedes Tier ist ein Individuum, ein Geschöpf, das Respekt verdient. Nie wieder werden sie eine Jagd auf Haie gutheißen können, ohne den Sinn und die Rechtfertigung des Tötens zu hinterfragen. So etwas lernt man nicht aus Büchern, man muss es mit allen Sinnen erfahren. Zukünftig werden sie mit dem Herzen sehen, ohne Vorurteile gegenüber den „anderen".

Haibeobachtungen sind ein Touristenmagnet geworden. Die etwa ein Dutzend Haie, die in Playa del Carmen überwintern, bringen jährlich Einnahmen in Millionenhöhe, ein Vielfaches dessen, was sie auf dem Fischmarkt wert wären. Und sie haben eine geteilte Gesellschaft geeint. Tauchclubs und einheimische Fischer, sonst Konkurrenten, haben sich in der Vereinigung „Saving our Sharks"[10] zusammengetan, um die Bullenhaie zu schützen. Jeder Taucher zahlt eine Gebühr an die Vereinigung, die wiederum einen Teil der Einnahmen an die Fischer weitergibt, damit sie ihre Fangleinen nicht im Überwinterungsgebiet auslegen.

Mexiko ist nicht das einzige Land der Welt, in das Taucher reisen, um Haie zu beobachten. Die Bahamas sind ebenfalls ein beliebtes Ziel, denn in Tiger Beach kann man neben Bullenhaien auch Tigerhaie und Hammerhaie (*Sphyrna mokarran*) bewundern. Südafrika profitiert von seinem Reichtum an Weißen Haien, Sandtigerhaien und Kleinen Schwarzspitzenhaien. Für die Fidschi-Inseln sind Haibeobachtungen unter Wasser ein beachtlicher Wirtschaftsfaktor. Doch um die Bullenhaie anzuziehen, mussten zuerst die Korallenriffe als Ganzes geschützt und gepflegt werden. Die Haie sind gut für das Ökosystem und für die Ökonomie. Sie sind Einkommensquelle für die Einheimischen, aber indirekt auch Beschützer des Ökosystems Riff, das nicht mehr ausgebeutet, sondern geschützt wird, um die Anwesenheit der Haie zu garantieren. Generell lässt sich sagen: Auf den Riffen, die für touristische Tauchgänge genutzt werden, ist die marine Fauna reichhaltiger, und die Einzeltiere sind größer und älter als an anderen Riffen.[11]

Warum so viel Hass, warum so viel Liebe?

Ein schmaler Grat: Während Haie mancherorts äußerst populär sind, gelten sie woanders als Symbol des Schreckens. Aber sind Unfälle mit Haien überhaupt häufiger geworden? Welche Lehren kann man aus den Dramen ziehen, die sich dort abgespielt haben?

Zuerst einmal muss man die Vorfälle so präzise wie möglich beschreiben. Bis heute ist die International Shark Attack File (ISAF) die einzige Datenbank weltweit, die Haiangriffe dokumentiert und wissenschaftlich auswertet.[12] Die Wissenschaftler unterscheiden zwischen provozierten Unfällen (für die der Mensch ursächlich ist) und nicht provozierten Angriffen. Die jährliche Zahl der letzteren liegt seit fast 30 Jahren konstant bei etwa 80, die meisten hatten nur leichte Verletzungen zur Folge. Leider, und auch diese Zahl bleibt konstant, gingen etwa zehn pro Jahr tödlich aus.

Zum Vergleich: Entlang der US-amerikanischen Küsten liegt die statistische Wahrscheinlichkeit, von einem Hai getötet zu werden, bei 1:264 Millionen, die Gefahr zu ertrinken bei 1:3,5 Millionen. Das Meer an sich ist gefährlich, viel gefährlicher als die Haie. Ein weiteres Beispiel, ebenfalls aus den USA: In den vergangenen 40 Jahren wurden 26 Menschen von Haien getötet, während im gleichen Zeitraum 1970 Menschen vom Blitz erschlagen wurden. Selbst durch Quallen sind fünfmal so viele Menschen gestorben wie durch Haiattacken (wahrscheinlich sogar noch mehr, denn in dieser Statistik werden nur Touristenunfälle gezählt[13]). Weitere Zahlen: 97 Prozent der Haiunfälle passierten an der Wasseroberfläche: 61 Prozent betrafen Surfer und Bodysurfer, das heißt Surfer ohne Brett, 36 Prozent Schwimmer. Die restlichen drei Prozent waren Fischer. Taucher waren höchst selten beteiligt. Laut der International Surfing Association gibt es weltweit ungefähr 23 Millionen Surfer, dagegen etwa 2,5 Millionen Taucher, die jährlich durchschnittlich 16 Millionen Tauchgänge unternehmen.

Tauchunfälle – unwahrscheinlich, aber möglich

Und doch ist am 25. September 2018 das Unwahrscheinliche eingetreten. Das Expeditionsteam *Under the Pole* steigt nach einem Tauchgang in den Tiefen des Korallenriffs von Bora Bora (Französisch-Polynesien) wieder auf. Die Phase der Dekompression ist auf zweieinhalb Stunden taxiert. In 80 Meter Tiefe ist die Sicht außergewöhnlich gut. Ghislain Bardout, der Expeditionsleiter, filmt den Cheftaucher Julien Leblond, der mit seinem Unterwasserscooter souverän den schwindelerregenden Abhang meistert.[14] Ein Sandbankhai streift um ihn herum, in den polynesischen Gewässern gibt es sie zu Tausenden. Die Art wird nicht als besonders gefährlich eingestuft, auch das Team begegnet den Tieren täglich. Der Hai beachtet den Taucher zunächst nicht, dann scheint er es sich anders zu überlegen und schwimmt auf Julien zu. Sein Verhalten ist ungewöhnlich, die Brustflossen sind nach unten geneigt, seine Schwimmbewegungen ruckartig. Er dreht langsam eine Runde, dann schießt er plötzlich vor, beißt in Kopfhöhe zu und verschwindet. Er kommt nicht zurück. Trotz der Blutwolke, die sich rasch im Wasser verbreitet, nähert sich kein weiterer Hai dem Verletzten. Juliens Tauchgerät ist zerstört, aber er kann nicht direkt nach oben steigen, sonst würde er an der Dekompressionskrankheit sterben. Als erfahrener

Taucher legt er ohne Hast und mit außergewöhnlicher Gelassenheit seine Notfallausrüstung an. Ghislain ist an seiner Seite, das Team bildet einen Kreis um die beiden, zweieinhalb Stunden lang, in denen alles zusammenbrechen kann. Schließlich erreichen alle sicher das Boot. Juliens Kopfwunde wird mit zehn Stichen genäht, das Team muss mit einem traumatischen Erlebnis fertig werden.

Während des Tauchgangs am nächsten Tag steht die Analyse des Geschehens im Mittelpunkt. Warum hat der Hai so reagiert? Hätte der Taucher mit der Attacke rechnen müssen? Die Zeichen für die Nervosität des Hais waren deutlich, die ruckartigen Schwimmbewegungen, das Zusammenziehen des Körpers, die nach unten geneigten Brustflossen. Schon Ende der 1970er-Jahre war dieses Phänomen von Donald Nelson und Richard Johnson beschrieben worden[15], als Beweis, dass elektrische Schwingungen Haie unter Stress setzen. In diesem Fall war es der Unterwasserscooter. Im Nachhinein unterstreicht auch Ghislain Bardout, dass „der Unfall zwar nicht vorhersehbar war, man ihn aber doch erklären kann. Das Verhalten des Sandbankhais ist als Reaktion auf eine Bedrohung seines Territoriums zu deuten. Er versuchte uns zu verstehen zu geben: ‚Verschwindet!' Die Nutzung von blasenfreien Kreislauftauchgeräten, mit denen wir uns den Tieren unbemerkt nähern können, war in diesem Fall sicher kein Vorteil. Die Blasen der traditionellen Sauerstoffgeräte schrecken die Tiere ab. In Zukunft werden wir als Vorwarnung für unsere Anwesenheit einige Blasen aus unseren Sicherheitsflaschen entweichen lassen, falls uns ein Hai zu nahe kommt. Dann weiß er Bescheid. Auf alle Fälle ist Vorsicht geboten, genau wie bei einem Hund, den man nicht kennt. Verteufeln muss man die Haie sicher nicht, aber man darf nie vergessen, dass sie Wildtiere sind."[16]

Der Biologe Johann Mourier hatte ein ähnliches Erlebnis, glücklicherweise ohne Konsequenzen. Er war mit einem Unterwasserscooter vor dem Fakarava-Atoll unterwegs, als er von einem Sandbankhai angegriffen wurde. Instinktiv stoppte er den Motor, die ruckartigen Bewegungen des Hais hörten sofort auf. Doch als er den Motor wieder startete[17], begannen sie erneut. Offenbar wurde der Stress des Tieres auch hier durch die Vibrationen des Scooters ausgelöst.

Der Stress des Weißen Hais

Ich selbst habe viele ähnliche Situationen erlebt, allerdings ohne dass der Hai seinen Stress abreagiert hätte.

Ich erinnere mich nur zu gut an den Weißen Hai vor Guadalupe, als wir den Film *Unsere Ozeane* gedreht haben. Es war der 12. November 2006. Seit fast einer Stunde sind wir im Wasser, der Kameramann David Reichert und ich. Die Sicht ist außergewöhnlich gut, mehr als 30 Meter, die Mittagssonne schickt ihre Strahlen bis hier hinunter. Seit Beginn des Tauchgangs drehen Ugly, Lady Mystery und Trigger, drei große Weibchen, lustlos ihre Runden um uns. Plötzlich taucht ein viertes Weibchen auf, das wir noch nie gesehen haben, und schließt sich ihnen an. Noch beunruhigt uns das nicht. Wenn Haie in einer Gruppe sind, beobachten sie sich normalerweise gegenseitig und kümmern sich nicht um ihre Umgebung. Aber die Neue ist nervös, abwechselnd zuckt sie, beschleunigt brutal und ist dann wieder unglaublich ruhig.

Auf einmal senkt sie die Brustflossen, beginnt zu zucken und reißt das Maul auf, dann krümmt sie sich zusammen, wölbt den Rücken und schießt direkt auf mich zu. Sie zuckt

Der Autor skizziert das Verhalten Weißer Haie in den Gewässern um Guadalupe und wird dabei von René Heuzey gefilmt.

erneut, dann noch einmal, dabei entleert sie ihren Darm, ein weiteres sichtbares Zeichen für ihre Aufregung. Durch viele Tauchgänge mit Weißen Haien erfahren genug, reagiere ich nicht auf ihre Einschüchterungsgesten. Etwa fünf Meter vor mir dreht sie ab und verschwindet. Ihre Warnung wiederholt sie nicht.

Einschüchterungsversuche eines großen Weißen Hais gegenüber dem Autor.

Zuckende Bewegungen des Weißen Hais kurz vor einem Angriff. Tauchtagebuch des Autors.

Der Hai greift an, wenn er hungrig ist

Manchmal gibt es aber auch keine Vorwarnung. Diese dramatische Erfahrung hat die Tauchlehrerin Céline Lefebvre bei einem vermeintlich harmlosen Tauchgang gemacht.

31. Dezember 2020, Bourail, Neukaledonien.[18] Zu Beginn des Tauchgangs ist Céline mit ihrer Gruppe entlang des Riffs unterwegs. Das Wasser ist ruhig, nichts zu sehen außer den prachtvollen Korallenbänken. In 35 Meter Tiefe spürt die junge Tauchlehrerin plötzlich einen heftigen Biss. Ein Tigerhai bohrt ihr die Zähne tief ins Bein.

Einen Monat später ist Céline immer noch im Krankenhaus. Sie hat mehrere Operationen hinter sich. Mit einem Lächeln auf den Lippen erzählt sie von ihrem Unfall. „Ich hätte das Territorium des Tigerhais respektieren müssen!“, sagt sie und wiederholt im Anschluss immer wieder, wie wichtig der Erhalt und Schutz der Haie ist. „Der Ozean ist ihr Zuhause, und man muss die Biodiversität und die Artenvielfalt schützen.“

Das Unannehmbare akzeptieren lernen?

Wie kann man solche Zwischenfälle erklären? Es scheint unmöglich. Jeder Fall ist anders. Das einzig Sichere ist die Unsicherheit. Unfallorte, hydrologische Gegebenheiten, äußere Umstände und beteiligte Arten sind zu unterschiedlich, um generelle Schlüsse daraus zu ziehen. Und vor allem lässt die – glücklicherweise – geringe Anzahl der Vorkommnisse keine präzise statistische Auswertung zu. Außerdem hat jeder Hai seine eigene Persönlichkeit und reagiert auf seine Weise.

Der Haiexperte Éric Clua unterstreicht den Faktor „Individualität“. Er zeigt auf, dass es vor allem die Neugierigen und Wagemutigen unter den Haien sind, die testweise zubeißen, die meisten Artgenossen trauen sich das erst gar nicht.[19]

Welche Faktoren gibt es, die die Wahrscheinlichkeit einer Konfrontation mit einem Hai erhöhen? Da ist einmal die Tageszeit: Die meisten Unfälle geschehen abends, wenn das Meer aufgewühlt und das Wasser trübe ist. Aber auch da muss man jeden Einzelfall betrachten, denn die Lebensumstände der einzelnen Haiarten unterscheiden sich. Die Bullenhaie zum Beispiel kommen zur Fortpflanzung nah ans Ufer, sogar an Flussmündungen, wo sie vom Geruch organischer Abfälle angezogen werden. Die Kombination aus „Winter + schlechtes Wetter + Flussmündung + Sonnenuntergang“ verstärkt die Wahrscheinlichkeit für eine kritische Begegnung mit einem Hai erheblich.

Was lernen wir daraus? Dass man unter diesen Umständen besser nicht baden gehen sollte. Wenn man sich im Meer tummeln will, muss man die Gewohnheiten der Haie der Region kennenlernen, um eine gefährliche Situation zu vermeiden.

Eine Begegnung, zwei Beteiligte

Vergessen wir nicht, dass an einer Konfrontation immer zwei Akteure beteiligt sind: Mensch und Hai.

Der eine nimmt das Zusammentreffen anders wahr als der andere. Während der Hai ein Eindringen in sein Territorium sofort erkennt, wissen die meisten Wassersportler nicht, was sich unter der Wasseroberfläche abspielt. Sie sehen, hören und spüren die Haie nicht, selbst wenn sie nur wenige Meter entfernt vorbeischwimmen. Videos einer Drohne, die das Geschehen im klaren Wasser aufzeichnete, zeigen, dass Weiße Haie direkt unter Schwimmern und Bodysurfern ihre Kreise ziehen, ohne dass diese etwas davon merken.[20]

Die Sorglosigkeit der Menschen verstärkt den Schock, wenn der Hai auftaucht.

Das Zusammentreffen wird als „Überraschungsangriff" empfunden, als etwas Unrechtes. Diese Wahrnehmung führt zu einer ganzen Kette von Reaktionen. Die Regierung wartet die Reaktion der Öffentlichkeit ab. Für sie steht weniger das Problem der Unfälle mit Haien im Vordergrund, sie will das Vertrauen der Bevölkerung wiedergewinnen.[21] Es geht überhaupt nicht um den Hai, sondern um Sozialpsychologie. Und es geht auch nicht um die Häufigkeit oder die Schwere der Unfälle, sondern um die Einstellung der Gesellschaft, ihre Auffassung von Selbstverantwortung und der Freiheit des Einzelnen. Oder besser gesagt, es geht um das Gegenteil: die Nicht-Verantwortung zugunsten des Wohlfahrtstaats. Auch die mediale Aufmerksamkeit, die jeder Zwischenfall hervorruft, beeinflusst die Reaktion der Obrigkeit.

Und schließlich haben Mensch und Hai beide ihre ureigene Persönlichkeit. Durch die Verkettung unglücklicher Umstände kann eine Begegnung zu einem dramatischen Ausgang führen, unter günstigen Voraussetzungen aber auch ein gutes Ende nehmen.

Das Verhalten der Haie ist das gleiche wie früher, die Wahrnehmung des marinen Lebensraums durch die Menschen dagegen hat sich seit Beginn des 20. Jahrhunderts grundlegend gewandelt.

Seeleute und Urlaubsgäste

In früheren Zeiten identifizierten sich Seeleute und Fischer mit dem Meer, ihrem Lebensraum und ihrer Existenzgrundlage. Sie akzeptierten seine Regeln und die Gefahr, die von den Haien ausging. Kritisch wurde es erst mit dem Tourismus. Anfangs gab es noch eine friedliche Koexistenz zwischen Haien und Urlaubsgästen, doch dann übernahmen die Urlauber das Kommando. Tausende, ja weltweit Millionen Menschen wollen im Wasser spielen, schwimmen, surfen, tauchen und ihren Spaß haben, ohne Rücksicht darauf, dass sie im Lebensraum der Haie unterwegs sind. Und zwar inzwischen zu allen Jahreszeiten.

Die Touristen, die nur einige Tage am Meer verbringen, wissen oft wenig über das marine Ökosystem und wollen es auch gar nicht näher kennenlernen. Man hat den Eindruck, sie sehen das Meer als Freizeitpark. Sie haben für ihren Urlaub bezahlt, nichts soll sie stören. Und sie verlassen sich darauf, dass für ihre Sicherheit gesorgt wird, ohne Rücksicht auf andere.

Dieses Phänomen wurde in einer Studie von Christopher Neff über die Reaktionen der Öffentlichkeit und der Autoritäten auf ähnliche Vorfälle nahe Sydney zwischen 1929 und 2009 untersucht. 1929 machte die Regierung für etwaige Unfälle nicht die Haie, sondern die leichtsinnigen Badegäste verantwortlich, die selbst abends, wenn die Haie jagten, ins Wasser gegangen waren. Um Schlimmeres zu vermeiden, appellierte man an die Verantwortung jedes Einzelnen und setzte auf erzieherische Maßnahmen.[22]

Ab 1935 kommt es zu einem Stimmungsumschwung. Die Ufergewässer werden zunehmend zu Bade- und Erholungsplätzen. Die Schuld für Unfälle wird nun den Hobbyfischern und der Kanalisation zugeschrieben, durch die Haie ans Ufer gelockt werden. Unter dem Druck der Öffentlichkeit lässt die Regierung Fangnetze auslegen, um die Haie vom Ufer fernzuhalten. Als vertrauensbildende Maßnahme werden Wachtürme aufgestellt. Diese Vorkehrungen waren für eine zweijährige Versuchsphase vorgesehen, aber 75 Jahre später, im Jahre 2009, waren die Netze immer noch da. Und seitens der Regierung sind immer noch die Haie schuld: „Warum müssen sie auch so nah am Ufer schwimmen und sich in den Netzen verfangen?"

Zunehmend kommt zum Freizeitvergnügen noch die Leidenschaft für den sportlichen Wettkampf hinzu. Das gilt vor allem für das Surfen. Manche Sportler betrachten das Meer nicht mehr als Lebensraum, sondern als Wellenmaschine. Sie weigern sich schlichtweg, die ungeschriebenen Gesetze der Natur zu akzeptieren. Die Anwesenheit von Haien ist ihnen ein Dorn im Auge.

Unfälle vermeiden?

Natürlich wollen alle Beteiligten Unfälle möglichst vermeiden, allerdings ist man sich über die Methoden nicht einig.

Am einfachsten wäre es, die Badenden von den Haien durch riesige Unterwassernetze entlang der beliebtesten Strände zu trennen. Diese Methode wird an den Küsten von Kwa-Zulu-Natal in Südafrika angewandt, und zwar mit gutem Erfolg: Zwischen 1980 und 2011 gab es dort lediglich zwei Leichtverletzte. Die Badegäste profitieren von 300 Strandkilometern, an denen sie nahezu gefahrlos schwimmen können, während jedes Jahr viele Delfine, Schildkröten, Wale, Wasservögel und mindestens 400 Haie sterben, weil sie sich in den Maschen der Netze verfangen. Solche „Kollateralschäden“, die auch zahlreiche geschützte Arten betreffen, werfen die Frage auf: Ist es zu verantworten, dass das Freizeitvergnügen der Menschen zulasten der Tiere geht, die dort leben?

Aggressive Fischerei führt zwangsläufig zu Kollateralschäden

Entlang von Steilküsten, die Brandungswellen und schweren Stürmen ausgesetzt sind, kann man jedoch keine Netze anbringen. Um den Ängsten der Touristen zu begegnen, finanzieren die Regierungen daher massive Abfischungen. Die Wirksamkeit einer solchen Ausrottungspolitik, die zum Beispiel seit 1959 im Surfparadies Hawaii angewandt wird, stößt sehr schnell an ihre Grenzen: Man gibt Millionen Dollar aus und tötet 4660 Tigerhaie, ohne dass nach 25 Jahren ein signifikanter Rückgang der Unfälle festgestellt worden wäre.[24] Diese Erkenntnis hat zu einem Umdenken geführt, die Fischzüge wurden eingestellt und die Surfer wieder in die Pflicht genommen. Aber erst 2019 wurde ein Gesetzesvorschlag für den vollständigen Schutz aller Haie in den hawaiianischen Gewässern auf den Weg gebracht.

In Australien praktiziert jeder Bundesstaat seine eigene Politik. In New South Wales hat man verbindliche Quoten für die Fischerei festgelegt, in Queensland hat die Humane Society International am Great Barrier Reef ein Haifangverbot erreicht.

Ein elementarer Fehler der Ausrottungspolitik ist, dass man nur selten den Hai fängt, der für den Unfall verantwortlich ist. Wogegen kollektive Bestrafung nur Kollateralschäden hervorruft! Exemplarisch dafür steht La Réunion. Am 31. August 2021, sieben Jahre nach Beginn der Aktion, spricht die offizielle Bilanz der Präfektur von 170 getöteten Bullenhaien, ohne dass auch nur ein einziger von ihnen einem Unfall zugeordnet werden konnte. Erschwerend kommt hinzu, dass 387 Tigerhaie sowie 735 andere Haie (Hammerhaie, Weißspitzen-Riffhaie, Ammenhaie) den tödlichen Ködern zum Opfer gefallen sind. Dass zwischen diesen Haien, meist Jungtieren, und den Unfällen kein kausaler Zusammenhang bestehen kann, spielt dabei keine Rolle …

Die Strategie der Kollektivbestrafung geht von der Annahme aus, dass „jeder Hai eine potenzielle Bedrohung darstellt". Das erinnert an eine Variante der Fabel vom Wolf und dem Schaf: „Wenn du es nicht gewesen bist, dann doch dein Bruder oder ein anderer Verwandter, der mein Wasser trüb macht …"

Diese desaströse Bilanz verändert die Problematik nicht. Vor allem die Surfer werden nicht von ihrer Verpflichtung entbunden, die Verhaltensregeln zu beachten, die die Surflehrervereinigung auf La Réunion nach zwei tödlichen Unfällen 2006 aufgestellt hat: „Die Haie sind in ihrem Lebensumfeld. […] Wir müssen das Meer und seine Regeln respektieren […]. Nach 16 Uhr darf nicht mehr gesurft werden und vor allem im Winter sollte man bei schlechten Witterungsverhältnissen ganz darauf verzichten. […] Man muss verantwortlich surfen." Abschließend wird für eine „Überarbeitung der grundlegenden Sicherheitsbestimmungen" plädiert.[25]

Grenzenlose Zerstörung

Eine weitere Schwachstelle dieser „Sicherheit durch Ausrottung"-Politik ist ihre Grenzenlosigkeit, denn das Sicherheitsbedürfnis ist absolut. Um den Anspruch der Bevölkerung nach „Rache" zu stillen, beschließt der Staat zunächst, ein gewisses Kontingent Haie zu töten. Die Zahl ist willkürlich geschätzt und berücksichtigt weder die ökologischen Rahmenbedingungen noch die bisherigen Fangquoten. Außerdem müssen die Fischer die Haie erst anlocken, um sie töten zu können, ein Teufelskreis. Denn dadurch kommen auch die Haie an die Küste, die sonst ferngeblieben wären, mit der Folge, dass sich das Risiko für die Badenden erhöht … was wiederum weitere Ausrottungsbestrebungen rechtfertigt!

Das trifft vor allem für die kleinen Ozeanischen Inseln zu, die von Haien auf ihren Wanderungen durch die Weltmeere besucht werden. Die unterirdischen steilen Felsen der Vulkaninseln machen es notwendig, die Köderfallen in Ufernähe aufzustellen, was die Haie genau zu den Zonen zieht, die sie meiden sollten. Auf La Réunion wurden 387 Tigerhaie, die normalerweise auf offener See leben, bis auf wenige Hundert Meter vor die Küste gelockt. Die Folgen liegen auf der Hand.

Éric Clua ist davon überzeugt, dass weniger die Zahl, sondern vielmehr die Persönlichkeit der Haie für die Unfälle ausschlaggebend ist. Im Vordergrund stehen Jagdtrieb und Angriffslust. Es müsse alles versucht werden, solche Tiere aufgrund ihrer Genetik zu erkennen und auszuwählen[26], um eine blinde Ausrottungspolitik zu verhindern.[27] Die präventive Tötung im Einzelfall würde verstanden und akzeptiert.[28] Aber wie soll das umgesetzt werden? Wie sollen die Ausrottungsbefürworter überzeugt werden, die die Jagd auf Haie zu ihrer Lebensaufgabe gemacht haben?[29] Auf sie könnte das wie eine Niederlage gegen das „Raubtier“ wirken, wie das Verhandeln mit einer Mörderbande.

Das Missverständnis

Die exorbitant hohen Kosten der Präventivfischzüge veranlassen die politisch Verantwortlichen, in der Öffentlichkeit zu behaupten, sie hätten die Situation im Griff. Das hat zur Folge, dass die Aufmerksamkeit der Badenden und Surfer nachlässt und sogar elementare Sicherheitsregeln, die von den Behörden zu ihrem Schutz erlassen wurden, missachtet werden. Die gezielte Jagd auf Haie wird die Urlauber und Wassersportler jedoch niemals von der Verpflichtung entbinden, vorsichtig zu sein und die Regeln im marinen Ökosystem zu respektieren.

Warum fangen wir also nicht damit an?

Weitere Möglichkeiten sind Überwachungen aus der Luft oder unter Wasser.[30] Aber geht das nicht am Thema vorbei? Der Ozean ist in erster Linie der Lebensraum der Haie, den der Mensch sich aneignen möchte. Und nicht umgekehrt.

Doch an diesem Punkt scheiden sich die Geister.

Ist das Meer Lebensraum oder Freizeitpark? Beginnt die Problematik nicht schon mit dieser Frage? Das Missverständnis rührt daher, dass manche Menschen Haie, insbesondere Bullenhaie, als Eindringlinge in eine Küstenzone betrachten, die für sie ein Wasserspielplatz ist. So heißt es in dem Buch *Comprendre la crise requins à la Réunion (Die Haikrise auf La Réunion verstehen),* das unterschiedliche Aussagen zusammenfasst: „Das Gleichgewicht des Ökosystems wird durch die

Wiederinbesitznahme des marinen Lebensumfelds durch den Menschen erreicht."[31] Ohne menschliche Eingriffe kein ökologisches Gleichgewicht: „Das wahre Problem auf La Réunion ist, dass man hier keine Haie mehr jagt wie an anderen Brennpunkten der Welt, die auch von dieser Geißel heimgesucht werden."[32] „Die Fischerei ist notwendig, um das biologische Gleichgewicht zu erhalten." Aber vor allem: „Die Haie müssen die Grenzen ihres Territoriums kennen und lernen, an ihrem Platz zu bleiben"[33], weit entfernt vom Ufer und den sich vergnügenden Badegästen.

Der Ozean – unverfälschte Natur oder Freizeitpark?

Ist es legitim, die Ausrottung der Haie zu fordern, damit wir Menschen unserem Bedürfnis nach unbeschwertem Freizeitvergnügen nachgehen können?

Manchmal muss man sich zudem die Frage stellen: Ist es angemessen, einen an und für sich ungeeigneten Ort mit großem Aufwand und um den Preis der Zerstörung wertvollen maritimen Lebensraums so umzugestalten, dass dort Freizeitsport möglich wird? Muss man überall auf der Welt surfen, nur weil man es in Französisch-Polynesien oder Biarritz kann? Was würde man dazu sagen, wenn eine Skipiste in einem Lawinengebiet angelegt würde, mit der Begründung, dass man in allen anderen schneesicheren Gebieten auch Skifahren kann? Oder Wanderwege an Geröllhängen ausweist, nur weil man überall in der Welt bergsteigen will? Ist es wirklich erstrebenswert, auch im Winter auf La Réunion surfen zu können?

Unsere Gesellschaft ist geprägt von Wachstumsinteressen und dem Primat der Befriedigung aller Kundenbedürfnisse.

Die Frage nach dem Sinn einer solchen Entwicklung stellt sich im Vorfeld gar nicht. Danach geht es nur noch darum, die Sicherheit zu gewährleisten.

Wie ändert man den Blickwinkel?

Wie soll man seine Sicht der Dinge ändern, wenn man nicht einmal versucht, den Hai und sein Bedürfnis nach Lebensraum zu verstehen? Man kann nur in die Welt eines anderen eindringen, wenn man ihm auch seine Rechte garantiert.

Es ist eine Synthese aus Wissen, Gespür und Erleben, die ein gedeihliches „Zusammenleben" ermöglicht. Die persönliche Begegnung erlaubt, die Körpersprache des Hais deuten zu lernen, die „Codes" zu entziffern, um Missverständnisse zu vermeiden und sich gegenseitig wertzuschätzen.

Auf diese Weise versteht der Taucher schnell, wie sehr die Vibrationen seiner Arm- und Beinschläge an der Wasseroberfläche für Aufregung bei den Haien sorgen. Kein Wunder, dass ein Surfer oder Bodysurfer, der auf seinem Brett liegt und mit den Händen paddelt, ihr Interesse weckt. Für die Haie ist das ein klares Zeichen: ein verletzter Fisch! Und wenn auch nicht jeder Hai dem Missverständnis erliegt und manche gelassen bleiben, beißen andere ohne zu zögern zu. Ich erinnere mich an eine Expedition mit der *Calypso* nach Papua-Neuguinea im Jahre 1988. Ein Fischer von den Eremiteninseln bewegte eine Klapper aus Kokosnüssen über das Wasser, um Haie anzulocken. Nach etwa zehn Minuten tauchte einer neben dem Boot auf, und der Fischer fing ihn mit dem Lasso.[34]

Wie weit muss man gehen?

Nicht jeder hat die Möglichkeit, mit einem Weißen Hai zu tanzen. Es ist sogar eher selten, dass man Haie bei einem Tauchgang aus der Nähe sehen kann, weil sie instinktiv einen Sicherheitsabstand wahren. Wie soll man solch ein Erlebnis also denjenigen vermitteln, die nicht tauchen können? Haie in riesigen Aquarien zeigen?

Es gibt organisierte Shows, in denen Taucher im Kettenhemd sich von Haien aus der Hand fressen lassen. Und die aufgereihten Zuschauer bewundern aus der Nähe Raubtiere, die aufgetaute Tiefkühlfische fressen …

Diese Entwicklung wirft zwei Fragen auf. Die erste: Welche Verhaltensänderung hat das regelmäßige Füttern der Haie zur Folge? Die zweite: Welche Schlüsse zieht der Betrachter daraus?

Auf die erste Frage gibt eine Langzeitstudie auf den Fidschi-Inseln eine Antwort. In einem Zeitraum von sechs Jahren hat man Bullenhaie an eingerichteten Futterstationen beobachtet und festgestellt, dass sich ihr Verhalten nur marginal veränderte.[35] Der Hai ist Opportunist und bleibt es auch: Was ihm vors Maul kommt, frisst er. Gibt man ihm nichts, sorgt er für sich selbst. Einfluss auf seine saisonalen Wanderungen hat das Füttern nicht.

Auf der anderen Seite bewirkt die Fütterung eine Veränderung des spontanen Verhaltens. Das große Nahrungsangebot führt die Haie unnatürlich dicht zusammen, sie konkurrieren um die Nahrung, sind enthemmt, stürzen sich darauf und kümmern sich nicht um die Taucher, die sie im Eifer des Gefechts sogar berühren. In der Erregung entwickeln sie Verhaltensweisen, die mit denen vergleichbar sind, wenn sie einen

Walkadaver entdecken. Sie akzeptieren, dass ihre Artgenossen und die Taucher in ihre Intimsphäre eindringen, und reagieren erst im letzten Moment. Derselbe Hai, der unter anderen Umständen drei Meter Abstand von einem Taucher gehalten hätte, nähert sich ihm bis auf einen Meter.

Vordergründig hat diese Nähe Vorteile. Die Taucher haben weniger Angst, und selbst der kritischste Zuschauer wird zum Verteidiger der Haie. Denn sobald man dem Tier in die Augen geblickt hat, entsteht eine dauerhafte emotionale Beziehung. Ziel erreicht, könnte man sagen.

Aber was ist das eigentliche Ziel? Mehr Menschen für den Schutz der Haie gewinnen? Dann ist die Methode ein Erfolg. Aber wenn es das Ziel ist, sich als Gleichberechtigte in die Welt der anderen einzureihen, ist sie eine Niederlage.

Denn die Show verstärkt den Eindruck, die Natur sei dazu da, die Wünsche der Menschen zu erfüllen, und zwar sofort und ohne Wenn und Aber. Dabei ist die Realität Lichtjahre entfernt: In der freien Natur kann man meist erst nach stundenlangem, oft vergeblichem Warten einen Hai in seinem Lebensraum beobachten und das Glück empfinden, etwas ganz Besonderes zu erleben. Die Zurschaustellung der „wilden Tiere" unterstreicht den Anspruch der Menschen, über allen anderen Lebewesen zu stehen und das Recht zu haben, die Natur auszubeuten und ihr menschengemachte Regeln aufzuzwingen. Solche Shows zementieren den Dualismus „Kultur/Natur", den eine Begegnung mit dem „wilden, unberechenbaren" Leben überwinden helfen kann.

Gleichgültigkeit, ein Todfeind

Die Zeit drängt, denn das Wohl der Haie droht in der allgemeinen Gleichgültigkeit unterzugehen. Was wir brauchen, sind viele meinungsstarke Fürsprecher für den Schutz der „Räuber", bevor es endgültig zu spät ist. Die wenigen Untersuchungen zum *Shark Diving*, dem kontrollierten Beobachten von Haien, zeigen, dass Taucher dadurch ihre Vorurteile gegenüber Haien abbauen und sich vermehrt für ihren Schutz engagieren.[36] Kaum jemand kann sich der Faszination entziehen, selbst die Skeptischen und Gleichgültigen beginnen umzudenken. Die hautnahe Begegnung prägt nachhaltig. Sie bestärkt die Fürsprecher in ihren Bemühungen und sorgt für neue Botschafter, die den dringend gebotenen Schutz der Haie in die Welt tragen.[37]

Und wie stehe ich selbst dazu? Mir kommen die strahlenden Gesichter meiner Kameraden in den Sinn, die 2013 unsere Tauchgänge mit den Weißen Haien in Guadalupe beobachtet haben. Sie waren im Käfig geblieben und hatten die mächtigen Tiere bewundert, die nur wenige Meter entfernt an ihnen vorbeischwammen. Auch hinter den Gitterstäben hatten sie die Faszination wahrgenommen, die von den Tieren ausging, ein Erlebnis, das sich weder in Worte fassen noch in eine Statistik bringen lässt, uns jedoch unmittelbar daran erinnert, dass wir alle Teil eines großen Ganzen sind.

Meine Tauchkameraden waren fasziniert und erschüttert zugleich. Man konnte in ihren Augen die Überzeugung lesen, dass diese majestätischen Herrscher der Meere ihren Platz in dieser Welt haben und ihr Verschwinden nicht zugelassen werden darf. Auch wenn sie in einem geschützten Raum stattgefunden hatten, hinterließen diese Begegnungen einen nachhaltigen Eindruck und durchbrachen die fatale Gleichgültigkeit.

Fürsprecher der Haie

„Ich hoffe, dieser schreckliche Unfall wird dazu beitragen, die Haie zu schützen!", sagt die verletzte Céline Lefebvre gelassen, wenn sie über die tiefe Wunde spricht, die ihr ein vier Meter langer Tigerhai zugefügt hat. „Er hat meine Leidenschaft für die Unterwasserwelt und für diese majestätischen Tiere sogar noch bestärkt. Man nimmt keine Rücksicht auf sie, dabei spielen sie eine wichtige Rolle für das biologische Gleichgewicht des Ozeans. Von ihrem Überleben hängt das unsere ab."[38] Drei Wochen nach dem Unfall, sie liegt immer noch intubiert im Krankenhaus von Nouméa, spricht Céline darüber, dass sie künftig verstärkt Vorträge in Schulen halten will, um vom Meer zu erzählen. Sie möchte „zu den Jüngsten sprechen, die das Meer nicht wirklich kennen, selbst die, die auf einer Insel leben". Sie möchte ihnen die Liebe zu den Haien näherbringen.

Auch die Surfer der Organisation „Fin For a Fin"[39] teilen diese Überzeugung. Sie engagieren sich für mehr Respekt gegenüber Haien, selbst gegenüber denen, die sie angegriffen und verletzt haben. Sie plädieren für ein friedliches Miteinander: „Wir Surfer kennen die Risiken, wenn wir ins Wasser gehen. Doch wenn es zu einem Angriff kommt, sind es nicht wir, sondern die anderen, die Rache fordern und Haimassaker veranstalten, im Namen derer, die gebissen wurden … und ohne ihre Zustimmung! Wir Surfer wollen keine weiteren Massaker in unserem Namen." Zu den Mitgliedern der Organisation gehören zahlreiche Spitzensurfer wie Mike Coots, Paul de Gelder, Rob McDowell, Claire Bevilacqua und Blair Kimber. Auf der Finne ihrer Surfbretter steht: *If my life is taken, don't take theirs* (Auch wenn ich sterbe, lasst sie leben).

Und ihr Motto lautet: „Wir wollen den Hai schützen, der uns gebissen hat. Der Ozean ist zwar unsere Spielwiese, aber er gehört nicht uns, sondern den Haien. Wir wollen den Teufelskreis aus Hysterie und Rache durchbrechen und uns für eine friedliche Koexistenz einsetzen."

Zum Glück muss man nicht gebissen worden sein, um dieses Ziel zu verfolgen. Viele Fürsprecher der Haie sind bereits mit ihnen in Berührung gekommen, kennen sie von Kindheit an, sind Teil ihrer Welt und leben friedlich mit ihnen zusammen. Diese Erfahrungen stärken ihre Empathie, sie empfinden jedes Massaker an Haien als persönlichen Angriff. Sie spüren, wie ungerecht dieses Vorgehen ist, und verteidigen ihre „Familie".

„Ein toter Hai ist wie eine Wunde in meinem Körper" Sandra Bessudo

Sandra Bessudo ist für den Marinen Nationalpark Malpelo vor Kolumbien mitverantwortlich, die weltweit größte Schutzzone für Haie, die 2006 zum UNESCO-Weltnaturerbe[40] ernannt wurde. Sie trotzt mutig allen Drohungen, denen sie ausgesetzt ist, denn sie hat den Schutz der Haie zu ihrem Lebensziel gemacht.

„Warum ich mich für die Haie einsetze, ist schwer zu erklären. Jedes Mal, wenn ich einen getöteten Hai sehe, glaube ich die Wunde am eigenen Leib zu spüren." Sie bekam ihre erste Tauchermaske mit vier: „Ich war fasziniert von einem Kaiserfisch. Etwas später tauchte ich in den Gewässern von Malpelo und war überwältigt von der Vielzahl der Stachelmakrelen, Barrakudas und Haie. Das hat mich für immer geprägt. Wenn man zwischen diesen wunderbaren Geschöpfen taucht, Zeit mit ihnen verbringt, beginnt man sie besser kennenzulernen. Danach kann man sich nicht mehr vorstellen, ihr Fleisch zu essen oder Geschäfte mit ihnen zu machen. Noch heute zählen Haie für die kolumbianische Regierung nicht zur Biodiversität, sondern gelten als Ressourcen, die man ausbeuten und über die man verfügen kann. Und das alles nur, weil die Beamten und die Fischer noch nie Haie in ihrem natürlichen Lebensumfeld erlebt haben. Man muss schon als Kind den Respekt vor der Natur vermittelt bekommen, wie es meine Eltern glücklicherweise bei mir gemacht haben."[41]

Sandra nimmt auch an Kontrollen auf Schiffen teil, die illegal in den Schutzzonen fischen. Ungeachtet aller Drohungen ist sie auch dabei, wenn es darum geht, die Häfen zu blockieren, damit die „Piratenfischer" nicht auslaufen können. Sie will überzeugen. Und um auch die Widerspenstigen zu erreichen, bietet sie an, mit ihnen in den fischreichen Gewässern von Malpelo tauchen zu gehen. „Natürlich nicht, um zu fischen …" Selbst Apolinario Celorio, einer der hartnäckigsten Gegner des Fischereiverbots im Naturpark Malpelo, war mit ihr tauchen, obwohl er zuvor noch nie den Kopf unter Wasser hatte. Hinterher war er fasziniert. „Dieser Moment soll für immer in meinen Träumen bleiben", schwärmte er und beschloss, befreundete Fischer davon zu überzeugen, das Naturschutzgebiet zu respektieren.

Im Januar 2021 gewinnt Sandra einen weiteren Kampf. Es gelingt ihr, in allen Gewässern Kolumbiens ein Haifangverbot durchzusetzen, ebenso wie den Stopp der Vermarktung und des Exports. Etliche Fischer wehren sich und schrecken auch vor offenen Drohungen nicht zurück.

Sandra ist sogar davon überzeugt, dass Haie zu mehr Diplomatie und Völkerverständigung beitragen können. Jedenfalls haben „ihre" Hammerhaie es geschafft, die Regierungen von vier Ländern an einen Tisch zu bringen: Die weit wandernden Tiere ziehen von der kolumbianischen Pazifikinsel Malpelo über die Isla de Coiba vor Panama zu den Kokosinseln vor Costa Rica oder machen Abstecher zur ecuadorianischen Inselgruppe Galápagos. Gemeinsam denken die betroffenen Länder über einen marinen Schutzkorridor nach, den die Haie ungestört passieren können.

„Mit den Haien schwimmen, ohne sie zu erschrecken" Steven Surina

Steven ist Gründer der „Shark Education".[42] Bereits mit sechs Jahren ist er mit Haien getaucht, hat seine Kindheit in ständigem Kontakt mit ihnen verbracht, während er mit seinen Eltern auf ihrem Tauchboot im Roten Meer unterwegs war. Jeden Tag lernte er, sich den Haien „zu nähern, ohne sie zu erschrecken", und entdeckte mit der Zeit den richtigen Abstand, um ihre Intimsphäre nicht zu verletzen. So konnte er ihnen nahe genug kommen, um ihr Verhalten zu verstehen. Diese Erfahrungen waren von unschätzbarem Wert für das, was er heute tut: Er trainiert Taucher, Profis wie Anfänger, und bringt ihnen den respektvollen Umgang mit Haien bei. Aber vor allem möchte er mit ihnen die Gefühle teilen, die jede Begegnung mit einem Hai hervorruft: „Die Intensität meiner Gefühle, Respekt, Empathie, Frieden und Liebe, die ich nach einem Tauchgang mit Haien spüre, ist unvergleichlich. Diese faszinierenden Erfahrungen brennen sich in uns ein und bleiben bis ans Ende unseres Lebens erhalten. Dass diese Tiere ausgerottet werden, ist undenkbar für mich. Zukünftige Generationen müssen die Chance haben, sich selbst ein Bild zu machen und ihre Einstellung danach zu überdenken. Die Begegnung mit einem Tier, das symbolisch für Angst und Schrecken steht, schenkt paradoxerweise tiefen Frieden …"[43]

Rob Stewart, Sea Shepherd, Longitude 181

Rob Stewarts Film *Sharkwater – Wenn Haie sterben*[44], der das schändliche Massaker an den Haien wegen ihrer Flossen anprangert, hat Millionen von Zuschauern tief berührt. Rob hat als Neunjähriger seinen ersten Hai gesehen und sich dann sehr schnell für den Schutz dieser Tiere eingesetzt. Paul Watson, der Gründer von „Sea Shepherd"[45], ist den Blick eines zu Tode harpunierten Pottwals nie wieder losgeworden. Aber auch weniger bekannte Tierschützer, wie Didier Dérand auf La Réunion und viele andere, kämpfen vor Ort, manchmal unter Lebensgefahr, um das Leben derer zu retten, die sie als ihre Brüder ansehen.

Diese Maxime vereint uns in der Gesellschaft zum Schutz des marinen Lebens, „Longitude 181".[46] Unser Leitmotiv: Empathie für unsere wilden Mitbewohner. Dieses Mitgefühl wird durch den unmittelbaren Kontakt mit ihnen gestärkt und trägt dazu bei, Angst und Gleichgültigkeit zu überwinden.

Wie sollte man sich sonst als Bruder fühlen können? Den allermeisten Menschen sind die im Ozean lebenden Tiere so fremd wie Marsbewohner. Warum sich um jemanden kümmern, den sie nicht kennen, von dessen Existenz sie nicht einmal wissen? Sie müssen sich sehr anstrengen und an ihre

Vernunft appellieren, um abstrakte Wesen zu schützen, mit denen sie nichts zu tun haben.

Von Tauchern gerettet

Als sich „Longitude 181" 2003 für den Schutz der Haie in Französisch-Polynesien einsetzte, die wegen ihrer Flossen gejagt wurden, fanden wir in polynesischen Tauchern wertvolle Unterstützer. Sie kannten die Tiere aus täglicher Erfahrung und lehnten sich als Einzige gegen das Massaker auf. Obwohl die Polynesier traditionell keine Haie jagen, ließ die Regierung die industrielle Fischerei in ihren Gewässern zu. Sie sah darin sogar eine Chance zur Steigerung des Wirtschaftswachstums über den chinesischen Markt. Es bedurfte vier Jahre täglicher Arbeit, um 40.000 Unterschriften zusammenzutragen (in Französisch-Polynesien sind Volksbegehren selten und das Internet steckte noch in den Kinderschuhen). Wir füllten jede Woche den Briefkasten der von Oscar Temaru geführten Regierung mit unserer Post, bis der Minister für nachhaltige Entwicklung, Georges Handerson, 2006 endlich einen vorläufigen Fangstopp und 2007 ein landesweites Gesetz zum Verbot der Vermarktung von Haien erließ.[47] Dank der örtlichen Aktivisten ist Französisch-Polynesien heute das größte Haischutzgebiet der Welt. Mit ihrer Hilfe konnte das Team von Laurent Ballesta zehn Jahre später den Film *700 Haie in der Nacht* drehen.[48]

In der Folge haben zahlreiche weitere Länder der Ausschließlichen Wirtschaftszone (AWZ) Französisch-Polynesiens, die 5,5 Millionen Quadratkilometer umfasst, Schutzmaßnahmen ergriffen, die die Rückkehr der Haie ermöglichen.

Wo ein Wille ist, ist auch ein Weg! Man kann nur hoffen, dass mit der Zeit auch fragile Arten wieder die Ozeane bevölkern.[49]

Wie geht es weiter? Was können wir noch für die Haie und ein harmonisches Miteinander von Mensch und Hai tun?

Kapitel 10

Versöhnung

Warum sollte man Haie überhaupt schützen? Sie greifen Badende an. Ihre Anwesenheit stört den Tourismus an der Küste. Sie fressen die Fische, die anderen als Nahrung fehlen. Die Dinosaurier sind ja auch ausgestorben, das nennt man natürliche Selektion. Haie haben einfach keinen Platz mehr auf unserer Erde …

Betrachten wir noch einmal sachlich die Gründe, die für ihren Schutz sprechen, biologische, psychologische und philosophische.

Das Verschwinden der Haie reißt ein Loch ins Netz des Lebens

Jedes Lebewesen hat seinen Platz im Ökosystem, im Beziehungsgeflecht der Arten untereinander und mit der Umwelt. Je komplexer das Individuum, desto komplexer und zahlreicher sind die Beziehungen, die es knüpft. Das führt umgekehrt dazu, dass das Verschwinden einer Art nachhaltige Konsequenzen auf andere Arten und das gesamte Ökosystem hat. Die Widerstandskraft des Lebens beruht auf dem Überfluss und den intensiven Verflechtungen, die alle Lebewesen miteinander verbinden. Je mehr die Uniformität die Oberhand gewinnt, desto fragiler wird das Leben, desto weniger gut kann es auf Veränderungen reagieren.

Die Resilienz des Lebens beruht auf der Vernetzung der Arten und der Variabilität ihrer Fähigkeiten. Wir Menschen, aber auch die Haie, sind Glieder, die die Kette des Lebens zusammenhalten. Jede Art, die verschwindet, hinterlässt eine Lücke, die kaum mehr zu schließen ist. Das Netz des Lebens reißt. Trotz unseres Einfallsreichtums und all unserer technischen Möglichkeiten würden wir erst spät merken, wie einsam und arm es um uns würde, wenn wir die letzte Spezies auf der Erde wären.

Schlimmer noch: Die Arten, die durch unsere Verantwortungslosigkeit verschwinden, sind die komplexesten, es sind diejenigen, die schon lange vor uns da waren, die erst spät geschlechtsreif werden und häufig eine niedrige Reproduktionsrate haben. Ihr Verschwinden öffnet Arten die Tür, die sich schnell fortpflanzen, aber nicht gerade die beliebtesten sind: Quallen, Würmer, Ratten profitieren immer von dem, was andere zurücklassen. Es braucht bestimmt mehrere Hundert Millionen Jahre, bis zufällige Mutationen ein Geschöpf mit der Eleganz einer Lady Mystery hervorbringen. Wenn ihre Spezies verschwindet, wird nichts sie ersetzen.

Die Wildheit erhalten

Wenn der Mensch die Kontrolle über die Welt übernimmt, schrumpft sein Universum. Was wäre das für eine Welt, die nur von gezüchteten, kontrollierten, gemästeten, abhängigen und versklavten Arten bevölkert wäre? Wo bliebe der Zauber? Wie wäre eine sterile Welt ohne „Störenfriede" beschaffen? Wünschen wir uns wirklich, dass alle Arten, die früher in Freiheit lebten, nur noch in Aquarien und Zoos zur Erinnerung gehalten werden? Einer jämmerlichen Arche Noah? Kontrolle gibt uns Sicherheit, aber sie schränkt uns auch ein und mindert unsere Freiräume. Welche Freiheiten gibt es in einem Freizeitpark? Um der Unberechenbarkeit des wilden Lebens zu entkommen, bauen wir Mauern, die uns selbst einsperren. Doch sorgen nicht gerade das Unvorhersehbare, das Überschreiten von Regeln für die Erweiterung unseres Horizonts, sind sie nicht das Fenster zur Weiterentwicklung und die Tür zum Zauber des Lebens? Wir müssen lernen, den gebotenen Abstand zum „anderen" einzuhalten. Nur so können wir uns ihm nähern.

Welche Welt wollen wir unseren Kindern hinterlassen? Monokulturen, Aquakulturen, Proteinfabriken? Ich wäre traurig, wenn ich meinen Kindern und meinen Enkeln sagen müsste: „Als ich auf der *Calypso* war, habe ich diese wunderbaren wilden Tiere noch in Freiheit sehen dürfen. Sie haben mir Momente großer Freude geschenkt, aber ich konnte sie nicht für euch retten." Oder noch schlimmer: „Ich wusste es, wir alle wussten es. Die Wissenschaftler hatten Alarm geschlagen. Alle Regierungen haben 1992 die Abschlusserklärung von Rio unterschrieben. Wir hatten eine Fülle von Daten, die den stetigen Rückgang der Biodiversität bewiesen. Wir hatten Statistiken, die uns klar die Perspektiven aufzeigten … und ich habe nichts getan, um die Haie in ihrem Lebensraum für euch zu retten."

Unsere Flucht in virtuelle Welten, noch realer als die Natur, in denen uns der Reset-Knopf glauben macht, dass man das Leben folgenlos aufs Spiel setzen kann, betäubt uns. Der Hai, eines der letzten Symbole des wilden Lebens, erinnert uns daran, welcher Welt wir tatsächlich angehören. Einer sensiblen Welt, sinnlich, aus Fleisch und Blut. Er stellt die mitfühlende Beziehung zu den „anderen“ wieder her, die die virtuelle Welt auflöst. Er führt uns in den Kreislauf aus Leben und Tod zurück, wirft Licht auf die existenziellen Fragen, denen wir vergeblich zu entfliehen versuchen, indem wir uns in eine surreale Welt flüchten, in der sich alles kontrollieren lässt.

Haie ausrotten ist bequemer: Wer ist der Nächste?

Wenn man heute die Haie ausrottet, nicht um zu überleben, sondern aus Lust und Laune, um irrationale Ängste zu verringern, um einen ungestörten Badebetrieb zu gewährleisten: Wo wird das enden? Welche Art ist als nächste dran, weil es bequemer ist? Wird es nach den Tieren irgendwann auch Menschen treffen?[1]

Es wird leicht vergessen, dass wir Menschen Teil des Lebens sind, untrennbar mit allen anderen Geschöpfen verbunden. Häufig handeln wir unter Kosten-Nutzen-Gesichtspunkten. Wir trennen die Spreu vom Weizen, die guten Fische von den Haien, die nützlichen von den schädlichen Tieren. Aber ergibt das Sinn? Selektion nach Rentabilitätsfaktoren? Welche Arten sollten wir bewahren und welche nicht, wo doch die Maßstäbe je nach Land, Epoche, Tradition, Kultur und Philosophie variieren? Bin ich nützlich? Werde ich erhalten? Nur wenn es uns gelingt, Raum für das Störende und Unbedeutende zu lassen, wird es auch Raum für jeden von uns geben. Für Menschen und Tiere, mit all ihren Unterschieden, in all ihrer Einzigartigkeit.

Wie wäre die Welt ohne Haie?

Aber … ist die Frage überhaupt richtig gestellt? Wir leben bereits in einer Welt ohne Haie: Die Zahl der Haie und Rochen ist in den vergangenen 50 Jahren um 70 Prozent zurückgegangen. Warum sollten wir uns dann noch anstrengen, die letzten Vertreter dieser Spezies zu erhalten? Eine Antwort fällt nicht leicht. Es handelt sich doch schließlich um Meeresbewohner, fern von unserem alltäglichen Lebensraum, so weit weg, dass wir ihre Existenz, aber auch ihr Fehlen gar nicht spüren. In unserem Referenzrahmen existieren sie nicht.[2] Meerestiere sind so weit von unserer Welt entfernt, dass es in Frankreich in den vergangenen Jahren mehrmals zu Strandsperrungen und Evakuierungen kam, als völlig harmlose Fische im Uferbereich gesichtet wurden!

Stellen wir uns also die Frage: Wie sähe eine Welt ohne Gorillas, Tiger und Elefanten aus? Ohne Füchse, Finken und Frösche? Ohne Mozart und Leonardo da Vinci? Das Ergebnis ist schmerzhaft: Die Welt wäre nahezu dieselbe und doch *grundlegend* anders.

In-different

Wir Menschen haben so viele Arten ausgerottet oder nahe ans Aussterben gebracht, dass wir meinen, die Welt sei ohne sie gar nicht so anders. Wir leben zurückgezogen in unseren Städten, ungeerdet, gefangen in unseren virtuellen Welten, und registrieren die ökologischen Umwälzungen gar nicht, die das Verschwinden der Arten ausgelöst hat. Wir stören uns nicht einmal an der extremen Artenarmut der Monokulturen, die wir „Natur“ nennen! Wir haben die Arten bereits aus unseren Gedanken gelöscht. Buchfink, Bachstelze, Stieglitz, Teichrohrsänger, Zilpzalp … es gibt nur noch „die Vögel“. Gründling, Elritze, Äsche, Rotfeder, Schleie … es gibt nur noch „die Fische“.[3] Sie existierten millionenfach, alle verschieden, und werden nun zu einer sonnigen „Kulissennatur“ zusammengefasst, in der man seine Ferien verbringt. Die Tiere mutieren zu Bildern in Kinderbüchern. Wir sind Moglis, verloren in Metropolen, ohne Baghira und Shir Khan. Wir sind Romain Gary, dessen „Brief an den Elefanten“ mit dem Vermerk „Elefant unter dieser Adresse unbekannt[4]“ zurückkam. Wir sind der kleine Prinz ohne Fuchs. Wir kennen den Dodo, den Tasmanischen Wolf oder den Riesenalk nur noch als Wappentiere auf Münzen. Bald werden uns unsere Kinder fragen, woher die Zeichner des Films *König der Löwen*[5] die Ideen für all die fantastischen Tiere hatten.

Leider leben wir bereits ohne sie! So wie wir sehr gut ohne die Malereien in der Chauvet-Höhle oder die Meisterwerke des Louvre leben könnten. Das Schicksal der prähistorischen Felsbilder von Messak Settafet oder des Apollonia-Tempels, der im Libyen-Krieg zerstört wurde, kann uns egal sein.[6]

Grundlegend anders!

Insgeheim ahnen wir jedoch, dass uns das Verschwinden einer Tierart, genau wie die Zerstörung eines Kunstwerks, unwiderruflich verarmen lässt. Über die ökologischen Folgen hinaus begreifen wir, dass diese Verluste zu einer „Involution“ der Welt führen. Welch ein Gegensatz zur Entwicklung des Lebens auf der Erde seit 3,8 Milliarden Jahren: der Vielfalt der

Natur, die der Mensch in der Diversifikation der Kultur und der Kunst fortgesetzt hat. Ist Diversifikation nicht gerade eines der wenigen „objektiven" Kriterien für den Sinn der Geschichte des Lebens? Sind Vielfalt und das Netz des Lebens keine Voraussetzungen für das, was wir als Fortschritt betrachten? Macht die Artenvielfalt nicht den eigentlichen Reichtum unseres Planeten aus? Der menschengemachte Verlust einer Art ist eine Regression der Geschichte. Widerspricht nicht jeder Verlust, den wir zu verantworten haben, den entscheidenden Grundwerten der MENSCHLICHKEIT?

Zeigt sich nicht in unserer Beziehung zur wilden Welt am offensichtlichsten, was uns als Mensch ausmacht? Keine andere Art stellt sich die Frage nach dem Respekt gegenüber anderen Arten. Aber ist Respekt nicht Teil unserer Identität? Der Maßstab, an dem wir unsere Menschlichkeit messen?

Mit den „unnützen" Haien Frieden schließen

Der Hai hat bei nüchterner Betrachtungsweise keine Daseinsberechtigung. Es gibt keine vernünftigen Gründe, ihn zu schützen und zu erhalten, außer der aus freien Stücken getroffenen Entscheidung, es zu tun. Das bringt uns in eine andere Dimension, die über die physikalisch-chemische hinausgeht, in eine ethische Dimension, die einer „sinnlosen" Welt Sinn verleiht.[7]

Liegt die „neue Allianz" mit dem ungezähmten Leben nicht darin, sich ihm anzupassen, brüderlich mit ihm zu teilen? Die Möglichkeit der Akzeptanz unterscheidet uns von allen anderen Lebewesen. Und indem sie uns einen Sinn enthüllt, schenkt sie uns Frieden.

Es braucht einen Paradigmenwechsel, wir müssen von einer Logik der Annexion zu einem neuen Verständnis des Zusammenlebens kommen. In einer Welt, zu der alle gehören, Menschen und nichtmenschliche Lebewesen.

Schlussendlich gilt es, eine Diplomatie zu entwickeln, wie es der Philosoph Baptiste Morizot[8] empfiehlt, die uns Menschen erlaubt, im Frieden zu leben, statt Tag für Tag und in zunehmendem Tempo das Territorium der anderen zu kolonisieren, ihre Existenz, ihre Codes und die Regeln ihres Ökosystems zu missachten. Damit vergrößern wir die Gefahr dramatischer Begegnungen. Plötzliche Zwischenfälle machen uns dann ratlos; der Schrecken lässt unsere Arroganz wieder aufleben, verstärkt die Hilflosigkeit und entfacht den Hass.

Es ist eine Diplomatie vonnöten, die uns vom Denken in starren Kategorien befreit: „pro Hai" versus „kontra Hai". Es ist an uns, uns in ein globales Ökosystem zu integrieren und jedem darin einen Platz einzuräumen. Wie es Baptiste Morizot vorschlägt: „Wir brauchen eine Politik der Rücksichtnahme und die Werkzeuge der Diplomatie, um der dualistischen Logik (Natur/Kultur, heilig/profan) zu entkommen, die uns der moderne Naturalismus auferlegt hat."[9]

Um das Schlimmste zu verhindern, unterstützen manche Naturschützer diesen tödlichen Dualismus, indem sie bestimmte Arten „heiligsprechen". Aber wenn man den Zugang zu Naturschutzgebieten verbietet, in denen fundamental wichtige Begegnungen stattfinden können, schließt man den Menschen aus und verstärkt die Vorstellung eines Dualismus zwischen Mensch und Natur. Doch der Mensch *gehört* zur Natur. Um das zu verstehen, muss man sie „erlernen". Und das geht nur vor Ort, Auge in Auge mit der Natur, und nicht nur aus Büchern.

Die Hilflosigkeit riskieren

Denjenigen, die meinen, wir seien zu viele, um mit dem Leben in der Wildnis in Kontakt zu kommen, möchte ich antworten: Dann brauchen wir mehr Naturparks. Besser noch: Befreien wir das wilde Leben! Wenn es ein solch großes Bedürfnis nach Natur gibt, muss man handeln. Statt weiterer Einschränkung müssen die Möglichkeiten zur Begegnung erweitert und der Wildnis – wo immer möglich – mehr Freiräume eingeräumt werden.[10]

Denjenigen, die meinen, Menschen seien für den nahen Kontakt mit Wildtieren zu zerstörerisch und aggressiv, möchte ich antworten: Man lernt Begegnung nicht durch Surfen im Internet oder nach der ASSiMiL-Methode. Man muss das Wagnis eingehen, hilflos zu sein, Fehler zu machen. Den richtigen Abstand zum anderen findet man nur durch langsames Vortasten. Die Einzigartigkeit des Einzelnen erfährt man nur durch den Kontakt mit ihm. Und diese *Einzigartigkeit* verlangt Respekt, Respekt vor allen Lebewesen. Es gibt nicht nur 536 Haiarten, es gibt Millionen Einzeltiere, und jedes ist etwas Besonderes.

Könnte man nicht Lehrer im Fach „Respekt" ausbilden, genau wie es Lehrer für Wirtschaft oder Technik gibt? Ist es nicht an uns, Nähe zu lernen und, wie es Albert Jacquard vorschlägt, über die Eingänge unserer Schulen zu schreiben „Hier wird die Kunst der Begegnung gelehrt"?[11]

Aber vor allem sollten wir nicht aus Angst vor dem Risiko darauf verzichten, Neues zu lernen. Verpassen wir nicht die Chance, wirklich *sapiens* zu werden.

Lady Mystery

Kann Lady Mystery, das große Weiße Hai-Weibchen, ein Schlüssel dafür sein?

November 2006, Dreharbeiten zum Film *Unsere Ozeane*[12], Guadalupe, Pazifik. 29°08' nördliche Breite, 118°17' östliche Länge.

Nach 13 Tauchgängen und mehr als 20 Stunden vergeblichen Wartens sind wir den Weißen Haien noch immer nicht nahe gekommen, obwohl sie zahlreich vor Ort sind. 20 gemeinsame Stunden, ein vorsichtiges Herantasten, um das misstrauische Beäugen zu überwinden, das jede Annäherung charakterisiert. Mein Luftblasengeblubber und mein linkischer Enthusiasmus haben wahrscheinlich einen großen Anteil daran. Aber wie soll man wissen, wann der Moment gekommen ist, sich einem Hai zu nähern, ohne ihn zu erschrecken? Wie findet man den richtigen Abstand?

Gestern hat Trigger, ein impulsives Weibchen, ihre Zahnabdrücke auf meinem Zeichenbrett hinterlassen, aber als ich ihr näher kommen wollte, hat sie die Flucht ergriffen und ist nicht wieder aufgetaucht. Es fehlte die Harmonie ....

Der Kameramann Didier Noirot ließ geduldig zu, dass sich Lady Kathy bis auf einen Meter näherte und er ihr neugierig forschendes schwarzes Auge filmen konnte. Sie hatte Vertrauen gefasst und war nicht geflohen. Lag es an ihr? Nein, wahrscheinlich an Didiers Feingefühl.

Tag für Tag entdecken wir neue Haie, die in ihrem Lebensraum noch nie auf Menschen getroffen sind. Tag für Tag wird der Kontakt enger. Tag für Tag lernen wir, wie wir uns verhalten müssen. Wir spüren, was wir tun müssen, um in ihrer Nähe sein zu dürfen. Auch in mir macht sich eine nicht

in Worte zu fassende Ruhe breit, den Blick gesenkt, warte ich, die Arme eng am Körper … Ich wüsste nicht, wie ich es sonst beschreiben sollte. Ein irgendwie animalisches Gefühl, eine intuitive Zurückhaltung, ein uneigennütziges Wohlwollen. Tag für Tag spüre ich, wie meine Bereitschaft steigt.

Am 12. November, dieses Mal ist David Reichert dabei, treibt mich die Strömung weit vom Schiff weg. Die Sonne versteckt sich hinter Wolken, das Wasser ist voller Plankton. Vor uns taucht Lady Mystery auf, die Größte unter den Weibchen, dic wir gesehen haben: 5,5 Meter lang, 1,5 Tonnen

Lady Mystery und der Autor, Seite an Seite

schwer. Ihre Brustflossen sind horizontal ausgerichtet, ein Zeichen, dass sie ganz ruhig ist. Gibt ihr der mächtige Körper Selbstbewusstsein? Fast bewegungslos gleitet sie durchs Wasser, nichts scheint sie aufhalten zu können. Die Sicherheit, die

Erneutes Treffen mit Lady Mystery im November 2011

sie ausstrahlt, ergreift auch mich, ich spüre eine tiefe Seelenruhe. Ich schwimme an ihrer rechten Flanke, wir bewegen uns synchron, Schulter an Flosse. Zwischen uns liegen nur wenige Zentimeter. Kurzzeitig berühren wir uns. Voller Respekt. Wir scheinen eins zu sein. Eine authentische Begegnung ohne Hintergedanken, erfüllt von tiefer Freude, so etwas erleben zu dürfen. Ein Geschenk ohne materiellen Wert und messbaren Nutzen, das dennoch lebenswichtig ist.

Fünf Jahre später, am 29. November 2011, gleicher Ort. Ich drehe wieder mit meinen Freunden Stéphane Granzotto und René Heuzey.[13]

Das Wasser ist auch diesmal nicht sehr klar. Zehn Meter über mir kann ich Aldo Ferrucci, den „Wächter des Kreislauftauchgeräts", gerade noch erkennen. Er steht bereit, um einzugreifen, falls es damit Schwierigkeiten geben sollte. Ich kann mich ganz auf die wohltuende Einsamkeit der unendlichen Weite des Ozeans einlassen.

Und da ist sie. Ich erkenne sie nicht gleich. Ich habe meinen „Job gemacht": Auf meinem Zeichenbrett habe ich Tiefe, Ankunftszeit und die geschätzte Größe eingetragen. Ich zeichne ihre Silhouette und notiere die Charakteristika, anhand derer man sie wiedererkennen kann. Aber ihre majestätische Erhabenheit lenkt mich ab und zieht mich in ihren Bann.

Ich spüre, wie lächerlich meine Aufzeichnungen sind. Sie sagen rein gar nichts über dieses Geschöpf aus, das ich näher kennenlernen möchte. Ich kann sein Gewicht schätzen, sein Geschlecht bestimmen, Zeichnung und Verhalten notieren, die Bewegung seiner Flossen. Aber wie soll ich die Geschmeidigkeit, diese wilde Eleganz, dieses tiefe Gefühl wiedergeben, das von ihr ausgeht und mich für immer verändern wird?

Als sie fünf Meter von mir entfernt ist, erkenne ich sie: Lady Mystery. Noch einmal lässt sie meine Nähe zu, wieder schwimmen wir synchron Schulter an Flosse. Die Distanz, die uns trennt, bemisst sich nicht in Zentimetern, sondern ist von gegenseitigem Vertrauen und Respekt geprägt, jedenfalls von meiner Seite.

Sie entfernt sich. Wie gerne würde ich sie zurückhalten. Bald kann ich nur noch die weite Bewegung ihrer riesigen Flosse sehen, die sich durch die blaue Nacht schlängelt. Je weiter sie sich entfernt, desto näher fühle ich mich ihr. Gerade weil sie nicht auf meine Wünsche reagiert, weil sie sich mir entzieht, weil sie frei sein will, kann die Welt nicht auf sie verzichten.

Ich bin im Frieden mit mir und der Welt. Eine tiefe Ruhe erfüllt alle meine Sinne. Ich erlebe die ganze Fülle des Augenblicks.

Lady Mystery berührt mich. Sie zwingt mich, über den Moment nachzudenken, den wir geteilt haben, und über meine Beziehung zur ungezähmten Natur. Obwohl alles uns zu trennen scheint, zwingt mich dieser Moment des Friedens dazu, über das nachzudenken, was uns eint. Lady Mystery scheint meine selbstgewählte Position im Zentrum des Lebens infrage zu stellen. Sie zwingt mich, auch allen anderen nichtmenschlichen Lebewesen mehr Aufmerksamkeit zu schenken, ob Mönchsgrasmücke, Buchfink, Ameise oder Eiche. Die Konzentration auf das „andere" reißt mich aus dem Alltag mit all seinen Ablenkungen und zwingt mich, über existenzielle Fragen nachzudenken.

Aber wie hat Lady Mystery diesen Moment empfunden? War er auch für sie etwas Besonderes? Wahrscheinlich nicht. Aber ich weiß es nicht. Ich glaube nicht, dass wir Menschen die Haie irgendwann verstehen werden. Uns trennt einfach zu viel. Wir sind jeder auf seine Weise einzigartig.

Sollten wir zum besseren Verständnis Dolmetscher einsetzen, wie es Baptiste Morizot vorschlägt?[14] Oder reicht es nicht einfach aus, den Panzer der Voreingenommenheit abzulegen, wie ich es mit Lady Mystery getan habe? Sich voller Vertrauen auszuliefern? Sich angreifbar zu machen, zuzuhören? Das Angebot anzunehmen, ohne Wenn und Aber? Ich glaube nicht, dass wir Dolmetscher oder Schamanen brauchen, um mit der Unterwasserwelt zu kommunizieren. Lady Mystery flüsterte mir zu, dass es nur Aufmerksamkeit und Respekt braucht, einen authentischen und aufrichtigen Gruß.

Obwohl Lady Mystery und ich uns nicht verstehen können, waren wir für einen Moment im Frieden, synchron, in der Fülle, waren eins mit der Welt. Und dieser Frieden hängt allein von mir als Mensch ab! Wichtig ist, den richtigen Abstand zu finden, ich brauche den Willen, zu verstehen und zu akzeptieren. All das, was uns Menschen eigen ist, unsere Einzigartigkeit.

Unsere Einzigartigkeit trennt uns so weit von allen anderen, dass wir uns nicht mehr verständigen können. Ist der Wunsch nach Verständigung nicht stärker, nicht wichtiger als die Verständigung selbst? Ist er nicht das Privileg des Menschen? Beruht nicht darauf unser Menschsein?

Es liegt nur an uns Menschen, Frieden zu schließen. Das ist meine Hoffnung, eine Hoffnung, die ganz auf dem Glauben an unsere wunderbare *Andersartigkeit* beruht.

Lady Mystery lädt den Autor zum Schwimmen neben ihrer Brustflosse ein.

Anmerkungen

Einführung

1 Spielberg, Steven, *Der weiße Hai*, Universal Pictures, 1975.
2 Perrin, Jacques, Cluzaud, Jacques, *Unsere Ozeane*, Galatée Films, 2010.
3 Gary, Romain, „Brief an den Elefanten", *Le Figaro littéraire*, März 1968.
4 Morizot, Baptiste, *Philosophie der Wildnis*, Ditzingen, 2022.

Kapitel 1

1 Cousteau, Jacques-Yves, *Die schweigende Welt*, Köln, 1964.
2 Verne, Jules, *20.000 Meilen unter den Meeren*, übersetzt von Martin Schoske. Frankfurt, 1997, S. 252.
3 „The State of World Fisheries and Aquaculture", Food and Agriculture Organization of the United Nations, 2020, www.fao.org/state-of-fisheries-aquaculture.
4 Der Name *Longimanus* (*Carcharhinus longimanus* oder Weißspitzen-Hochseehai) leitet sich von seinen charakteristischen langen Flossen und auffälligen weißen Spitzen ab, die an lange Arme erinnern.
5 Cousteau, Jacques-Yves, Cousteau, Philippe, *Haie. Herrliche Räuber der See*, übersetzt von Heidewig Fankhänel, München/Zürich, 1971, S. 31ff.
6 Cousteau, Jacques-Yves, Cousteau, Philippe, *Geheimnisse des Meeres*, ARD 1969.
7 Cousteau, Jacques-Yves, und Cousteau, Philippe, *Haie, a. a. O.*, S. 12.
8 Shark Sider/Shark Mythology: www.sharksider.com/shark-mythology.
9 Aristoteles, *Tierkunde*, Bücher 6–9, übersetzt von Paul Gohlke, Paderborn, 1957.
10 Plinius der Ältere, *Naturgeschichte*, übersetzt von Johann David Denso, Neuntes Buch, Rostock und Greifswald, 1764, S. 367.
11 Plinius, *a. a. O.*, S. 385.
12 Kowalski, Jean-Marie, „Les marins et la mort: actualité d'un mythe", *La Revue maritime*, n° 492, 2011, p. 90.

13 Roncière, Monique de La, Mollat du Jourdin, Michel, *Portulane.* München, 1984.

14 Belon, Pierre, *L'Histoire naturelle des estranges poissons marins*, 1551, Paris, 2012.

15 Coenen, Adriaen, *The Whale Book: Whales and Other Marine Animals as Described by Adriaen Coenen in 1585*, Islington, London, 2003.

16 Rondelet, Guillaume, „Libri De Piscibus Marinis" (1554), einsehbar: https://artsandculture.google.com/exhibit/dgLyc3wJ1r7cIg.

17 Johnson, R. H., *Sharks of Polynesia*, Paris, 1978.

18 Anonym, *Maori Myths, Legends and Contemporary Stories*, Neuseeländisches Bildungsministerium, http://eng.mataurangamaori.tki.org.nz/Support-materials/Te-Reo-Maori/Maori-Myths-Legends-and-Contem porary-Stories/Kawariki-and-the-shark-man.

19 Stevens, John D., *Haie*, Hamburg, 1992.

20 Serres, Marcel de, *Des causes des migrations des divers animaux et particulièrement des oiseaux et des poissons*, Paris, 1845.

21 Hugo, Victor, *Die Arbeiter des Meeres*, übersetzt von Rainer G. Schmidt, Zweiter Teil, Buch 4, Hamburg, 2017, S. 410.

22 Verne, Jules, *a. a. O.*, S. 453.

23 Verne, Jules, *a. a. O*, S. 129.

24 Verne, Jules, *a. a. O.*, S. 252.

25 Verne, Jules, *a. a. O.*, S. 157.

26 Verne, Jules, *a. a. O.*, S. 269.

27 Fernicola, Richard G., *Twelve Days of Terror*, Lyons Press, 2001 (1. Aufl. Januar 1897).

28 Hergé, *Der Schatz Rackhams des Roten*, Hamburg, 1998.

29 Hemingway, Ernest, *Der alte Mann und das Meer*, übersetzt von Werner Schmitz, Hamburg, 2014, S. 122.

30 Cousteau, Jacques-Yves, Cousteau, Philippe, *a. a. O.*

31 B., J., „Kino: *Blaues Wasser, weißer Tod*", *Le Monde*, 16. Februar 1972. siehe www.lemonde.fr/archives/article/1972/02/16/cinema-bleue-est-la-mer-blanche-est-la-mort_3032814_1819218.html.

32 Sarano, Francois, „Grand Blanc", *Plongeurs international*, n° 33, 2000.

33 Brown, Culum, Laland, Kevin, Krause, Jens, *Fish Cognition and Behavior*, New York, 2011.

34 Stanton, Andrew, Unkrich, Lee, *Findet Nemo*, Pixar Animation Studio, Walt Disney Production, 2003.
35 Bergeron, Éric, Jenson, Vicky, Letterman, Rob, *Kleine Haie – Große Fische*, DreamWorks Pictures, 2004.
36 Harlin, Renny, *Deep Blue Sea*, Warner Bros, 1999.
37 Sarano, François, *Rencontres sauvages. Réflexion sur 40 ans d'observations sous-marines*, Challes-les-Eaux, 2011, S. 115.
38 Schaub, Coralie, *Réconcilier les hommes avec la vie sauvage*, Paris, 2020, S. 122–128.
39 https://youtu.be/XqZsoesa55w.

Kapitel 2

1 Jung, H., *et al.*, „The Ancient Origins of Neural Substrates for Land Walking", *Cell*, 172 (4), 2018, S. 667–682.
2 Vullo, R., Frey, E., Ifrim, C., *et al.*, „Manta-Like Planktivorous Sharks in Late Cretaceous Oceans", *Science*, 371 (6535), 2021. DOI: 10.1126/science. abc1490.
3 Yuichiro, H., *et al.*, „Shark Genomes Provide Insights into Elasmobranch Evolution and the Origin of Vertebrates", *Nature, Ecology and Evolution*, 2 (11), 2018, S. 1761–1771.
4 Plinius der Ältere, *a. a. O.*
5 Venkatesh, B., *et al.*, „Elephant Shark Genome Provides Unique Insights into Gnathostome Evolution", *Nature*, 505, 2014, S. 174–179.
6 Gary, Romain, *Die Wurzeln des Himmels,* München, 1986.
7 Karte über die Evolution der Erdgeografie: https://sites.google.com/a/upr.edu/planetary-habitability-laboratory-upra/projects/visual-paleo-earth/vpe-animations.
8 Zhu, M., Yu, X., Ahlberg, P. E., *et al.*, „A Silurian Placoderm with Osteichthyan-like Marginal Jaw Bones", *Nature,* 502 (7470), 2013, S. 188–193.
9 Venkatesh, B., *et al.*, *a. a. O.*
10 Cuny, Gilles, Bénéteau, Alain, *Requins. De la préhistoire à nos jours,* Paris, 2013.
11 *Ebd.*, S. 30.
12 Zhu, M., Yu, X., Ahlberg, P. E., *et al.,* Art. zit.

13 Carr, Robert, „Paleoecology of Dunkleosteus Terrelli (placodermi: arthrodira)“, *Kirtlandia. The Cleveland Museum of Natural History*, 57, 2010, S. 36–45.
14 Cuny, Gilles, Bénéteau, Alain, *a. a. O.*
15 *Ebd.*, S. 48.
16 *Ebd.*, S. 104.
17 Ramsay, J. B., Wilga, C. D., Tapanila, L., *et al.*, „Eating with a Saw for a Jaw: Functional Morphology of the Jaws and Tooth-whorl in *Helicoprion davisii*“, *Journal of Morphology*, 276 (1), 2015, S. 47–64.
18 Homer, *Odyssee*, 12. Gesang, übersetzt von Johann Voss, Projekt Gutenberg.
19 Cuny, Gilles, Bénéteau, Alain, *a. a. O.*, S. 23, 146.
20 Sarano, François, Granzotto, Stéphane, *Méditerranée, le royaume perdu des requins*, Dokumentarfilm, Mona Lisa Production-France 2, 52 min, 2013.
21 Taylor, L., Compagno, L., Struhsaker, P., „Megamouth. A New Species, Genus, and Family of Lamnoid Shark (*Megachasma pelagios*, family *Megachasmidae*) from the Hawaiian Islands“, *Proceedings of the California Academy of Sciences*, 43 (8), 1983, S. 87–110.
22 Bourseau, J. P., Améziane-Cominardi, N., Roux, M., „Un crinoïde pédonculé nouveau (Échinodermes), représentant actuel de la famille jurassique des Hemicrinidae: *Gymnocrinus richeri*“, nov. Sp. des fonds bathyaux de Nouvelle-Calédonie (S.-O. Pacifique), *Comptes rendus de l'Académie des sciences*, 305, 1987.
23 Seret, B., „Découverte d'une faune à *Procarcharodon Megalodon* (Agassiz, 1835) en Nouvelle-Calédonie (*Pisces, Chondrichthyes, Lamnidae*)“, *Cybium*, 11 (4), 1987, S. 389–394.
24 Cooper, J. A., Pimiento, C., Ferrón, H. G., *et al.*, „Body Dimensions of the Extinct Giant Shark Otodus megalodon: A 2D Reconstruction“, *Nature Research Scientific Reports*, 10 (14596), 2020.
25 Godfrey, S. J., Nance, J. R., Riker, N. L., „*Otodus*-Bitten Sperm Whale Tooth from the Neogene of the Coastal Eastern United States“, *Acta Palaeontologica Polonica*, 66, 2021.
26 Neumann, A. N., *et al.*, „The Extinction of Iconic Megatoothed Shark Otodus megalodon: Preliminary Evidence from „Clumped“ Isotope Thermometry“, *American Geophysical Union*, Fall meeting, 2018.

27 Flaherty, Robert, *Die Männer von Aran*, 76 min, 1934.

28 In Peru entdeckter Riesenmanta, www.youtube.com/watch? v=pNbjP CYFxcI.

29 Dulvy, N. K., Pacoureau, N., Rigby, C. L., *et al.*, „Overfishing Drives Over One-Third of All Sharks and Rays Toward a Global Extinction Crisis", *Current Biology,* 2021, https://doi.org/10.1016/j. cub.2021. 08.062.

30 Ebert, David A., Dando, Marc, Fowler, Sarah, *Sharks of the World. A Complete Guide,* Princeton, N. J., 2021.

31 Viana, S., Carvalho, M. R. de, „*Squalus shiraii* sp. nov. (Squaliformes, Squalidae), a New Species of Dogfish Shark from Japan with Regional Nominal Species Revisited", *Zoosystematics and Evolution*, 96 (2), 2020, S. 275–311.
Fahmi, Tibbetts I. R., Bennett, M. B., et Dudgeon, C. L., „Delimiting Cryptic Species within the Brown-banded Bamboo Shark, *Chiloscyllium punctatum*, in the Indo-Australian Region with Mitochondrial DNA and Genome-wide SNP Approaches", *BMC Ecology and Evolution*, 21, 2021, S. 121.

Kapitel 3

1 Shark Research Institute, www.sharks.org/lemon-shark-negaprion-brevirostris.

2 Feldheim, K., Gruber, S., Dibattista, J., *et al.*, „Two Decades of Genetic Profiling Yields First Evidence of Natal Philopatry and Longterm Fidelity to Parturition Sites in Sharks", *Molecular Ecology*, 23 (1), 2013, S. 110–117.

3 Oliver, S. P., Bicskos, A. E., „A Pelagic Thresher Shark (*Alopias pelagicus*) Gives Birth at a Cleaning Station in the Philippines", *Coral Reefs,* 34 (1), 2014.

4 Ritter, E., Amin R., „Mating Scars among Sharks: Evidence of Coercive Mating?", *Acta Ethologica*, 22 (6), 2018.

5 Salinas-de-León, P., Hoyos, M., Pochet, F., „First Observation on the Mating Behaviour of the Endangered Scalloped Hammerhead Shark *Sphyrna lewini* in the Tropical Eastern Pacific", *Environmental Biology of Fishes*, 2017.

6 Colbachini, H., Pizzutto, C. S., *et al.*, „Body Movement as an Indicator of Proceptive Behavior in Nurse Sharks (*Ginglymostoma cirratum*)“, *Environmental Biology of Fishes,* 103, 2020, S. 1257–1263.
7 Cuny, Gilles, Bénéteau, Alain, *a. a. O.,* S. 30–31.
8 Long, J., Mark-Kurik, E., Johanson, Z., *et al.*, „Copulation in Antiarch Placoderms and the Origin of Gnathostome Internal Fertilization“, *Nature,* 517, 2015, S. 196–199.
9 Zhu, M., Yu, X., Ahlberg, P., *et al.*, Art. zit.
10 Barker, A. M., Frazier, B. S., *et al.*, „High Rates of Genetic Polyandry in the Blacknose Shark, *Carcharhinus acronotus*“, *Copeia*, 107 (3), 2019, S. 502–508.
11 Lamarca, F., Carvalho, P. H., Vilasboa, A., *et al.*, „Is Multiple Paternity in Elasmobranchs a Plesiomorphic Characteristic?“, *Environmental Biology of Fishes*, 12, 2020, S. 1463–1470.
12 Maduna, S. N., Van Wyk, J. H., Silva, C. D., *et al.*, „Evidence for Sperm Storage in Common Smoothhound Shark, *Mustelus mustelus*, and Paternity Assessment in a Single Litter from South Africa“, *Journal of Fish Biology*, 92 (4), 2018, S. 1183–1191.
13 Schmidt, J. V., Chen, C. C., Sheikh, S. I., *et al.*, „Paternity Analysis in a Litter of Whale Shark Embryos“, *Endang Species Res*, 12, 2010, S. 117–124.
14 Pouydebat, Emmanuelle, Terrazzoni, Julie, *Sexus animalus. Tous les goûts sont dans la nature*, Paris, 2020.
15 Dudgeon, C., Coulton, L., Bone, R., *et al.*, „Switch from Sexual to Parthenogenetic Reproduction in a Zebra Shark“, *Scientific Reports*, 7, 2017, 40537.
16 Natanson, L. J., Skomal, G. B., „Age and Growth of the White Shark, *Carcharodon carcharias,* in the Western North Atlantic Ocean“, *Marine and Freshwater Research,* 66 (5), 2015, S. 387–398.
17 Nielsen, J., Hedeholm, R. B., Heinemeier, J., *et al.*, „Eye Lens Radiocarbon Reveals Centuries of Longevity in the Greenland Shark (*Somniosus microcephalus*)“, *Science*, 353 (6300), 2016, S. 702–704.
18 Mull, C. G., Yopak, K., Dulvy, N. K., „Does More Maternal Investment Mean a Larger Brain? Evolutionary Relationships between Reproductive Mode and Brain Size in Chondrichthyans“, *Marine and Freshwater Research*, 62 (6), 2011, S. 567–575.

19 Schaub, Coralie, *a. a. O.*, 2020, S. 122–128.

Kapitel 4

1 Quéguiner, Bernard, Rimmelin, Peggy, „Biogenic and Lithogenic Particulate Silica Collected During the Biosope (2004) Cruise“, 2018. SEANOE, https://doi.org/10.17882/55722.

2 Süskind, Patrick, *Das Parfum*, Zürich, 2012.

3 Hemingway, Ernest, *a. a. O.*, S. 120.

4 Gardiner, J. M., *Multisensory Integration in Shark Feeding Behavior*, Graduate Theses and Dissertations, 2012, Kap. 1, S. 1, http://scholarcommons.usf.edu/etd/4046.

5 *Ebd.*, S. 68.

6 Stroud, E., *et al.*, „Chemical Shark Repellent: Myth or Fact? The Effect of a Shark Necromone on Shark Feeding Behavior“, *Ocean and Coastal Management*, 97, 2014, S. 50–57.

7 Yopak, K., Lisney, T., Collin, S., „Not All Sharks are ‚Swimming Noses‘: Variation in Olfactory Bulb Size in Cartilaginous Fishes“, *Brain Struct Funct*, 220 (2), 2015, S. 1127–1143.

8 Johnson, R. H., Nelson, D. R., „Copulation and Possible Olfaction-Mediated Pair Formation in Two Species of Carcharhinid Sharks“, *Copeia,* 1978, S. 539–542.
Johnson R. H., *a. a. O.*, S. 39.

9 Kotrschal, K., „Ecomorphology of Solitary Chemosensory Cell Systems in Fish: A Review“, *Environmental Biology of Fishes*, 44, 1995, S. 143–155.
Peach, M. B., „New Microvillous Cells with Possible Sensory Function on the Skin of Sharks“, *Marine and Freshwater Behaviour and Physiology*, 38 (4), 2005, S. 275–279.

10 Gardiner, J. M., *a. a. O.*, Kap. 1, S. 14.

11 Gardiner, J. M., et Atema, J., „Sharks Need the Lateral Line to Locate Odor Sources: Rheotaxis and Eddy Chemotaxis“, *Journal of Experimental Biology*, 210 (11), 2007, S. 1925–1934.

12 Nelson, D. R., et Gruber, S. H., „Sharks: Attraction by Low-Frequency Sounds“, *Science*, 142 (3594), 1963, S. 975–977.

13 Gardiner, J. M., *a. a. O.*, Kap. 1, S. 17.

14 *Ebd.*, S. 19.
15 *Ebd.*
16 Sharma, K., Syed, A. S., Ferrando, S., *et al.*, „The Chemosensory Receptor Repertoire of a True Shark Is Dominated by a Single Olfactory Receptor Family", *Genome Biology and Evolution*, 11 (2), 2019, S. 398–405.
17 Gardiner, J. M., *a. a. O.*, Abstract, S. VIII.
18 Nagel, Thomas, „What is It Like to Be a Bat?", *The Philosophical Review*, 83 (4), 1974.

Kapitel 5

1 Schaub, Coralie, *a.a.O.*
2 Clua, E., Reid, D., „Features and Motivation of a Fatal Attack by a Juvenile White Shark, *Carcharodon carcharias*, on a Young Male Surfer in New Caledonia (South Pacific)", *Journal of Forensic and Legal Medicine*, 20 (5), 2013, DOI: 10.1016/j. jflm.2013.03.009.
3 Sarano, François, „La raie amoureuse", *Calypsolog*, 94, 1990.
4 Sarano, François, *Le Retour de Moby Dick*, Paris, 2017, S. 100–114.
5 Burghardt, G., „Creativity, Play, and the Pace of Evolution", in *Animal Creativity and Innovation*, hg. von A. B. Kaufman, Amsterdam, 2015, S. 129–161.
6 Schluessel, V., „Who Would Have Thought That Jaws Also Have Brains? Cognitive Functions in Elasmobranchs", *Animal Cognition*, 18 (1), 2015, S. 19–37.
7 Ari, C., „Encephalization and Brain Organization of Mobulid Rays (*Myliobatiformes, Elasmobranchii*) with Ecological Perspectives", *The Open Anatomy Journal*, 6, 2014, S. 1877–6094.
8 Keartes, S., „Massive Oceanic Manta Ray Accidentally Caught in Peru", *Earth Touch*, 27. April 2015.
9 Perryman, R., Venables, S., Tapilatu, R., *et al.*, „Social Preferences and Network Structure in a Population of Reef Manta Rays", *Behavioral Ecology and Sociobiology*, 114, 2019, S. 1–18.
10 Cousteau, Jacques-Yves, Cousteau, Philippe, *a. a. O.*
11 Byrnes, E. E., Brown, C., „Individual Personality Differences in Port Jackson Sharks, *Heterodontus portusjacksoni*", *Journal of Fish Biology*, 89 (2), 2016, S. 1142–1157.

12 Finger, J. S., Dhellemmes, F., Guttridge, T., *et al.*, „Rate of Movement of Juvenile Lemon Sharks in a Novel Open Field, Are We Measuring Activity for Reaction to Novelty?“, *Animal Behaviour,* 116, 2016, S. 75–82.

13 Mourier, J., Vercelloni, J., Planes, S., „Evidence of Social Communities in a Spatially Structured Network of a Free-Ranging Shark Species“, *Animal Behaviour,* 83 (2), 2012, S. 389–401.

14 Sarano, François, *Le Retour de Moby Dick, a. a. O.*

15 Mourier, J., Brown, C., Planes, S., „Learning and Robustness to Catch-and-Release Fishing in a Shark social Network“, *Biology Letters,* 2017. DOI: 10.1098/rsbl.2016.0824.
Mourier, J., Planes, S., „Kinship Does Not Predict the Structure of a Shark Social Network“, *Behavioral Ecology,* 32 (2), 2021, S. 211–222.
Mourier, J., Vercelloni, J., Planes, S., Art. zit., S. 389–401.

16 Schluessel, V., Fuss, T., „Something Worth Remembering: Visual Discrimination in Sharks“, *Animal Cognition,* 18 (2), 2015, S. 463–471.

17 Mourier, J., Brown, C., Planes, S., „Learning and Robustness to Catch-and-Release Fishing in a Shark Social Network“, *Biology Letters,* 13 (3), 2017. DOI: 10.1098/rsbl.2016.0824.

18 Kerr, L., Andrews, A. H., Cailliet, G. M., *et al.*, „Investigations of &14C, ,13C, and ,15N in Vertebrae of White Shark (*Carcharodon carcharias*) from the Eastern North Pacific Ocean“, *Environmental Biology of Fishes,* 77 (3), 2006, S. 337–353.
Clua, E., Linnell, J., „Individual Shark Profiling: An Innovative and Environmentally Responsible Approach for Selectively Managing Human Fatalities“, *Conservation Letters,* 12 (9), 2018, S. 1–7.

19 Estrada, J. A., Rice, A., *et al.*, „Use of Isotopic Analysis of Vertebrae in Reconstructing Ontogenetic Feeding Ecology in White Sharks“, *Ecology,* 87 (4), 2006, S. 829–834.

20 Clua, E., Reid, D., „Features and Motivation of a Fatal Attack by a Juvenile White Shark, *Carcharodon carcharias,* on a Young Male Surfer in New Caledonia (South Pacific)“, *Journal of Forensic and Legal Medicine,* 20 (5), 2013, S. 551–554.

21 Jacoby, D., Fear, L., Sims, D., *et al.*, „Shark Personalities? Repeatability of Social Network Traits in a Widely Distributed Predatory Fish“, *Behavioral Ecology and Sociobiology,* 68 (12), 2014, S. 1995–2003.

Finger, J. S., Dhellemmes, F., Guttridge, T. L., „Personality in Elasmobranchs with a Focus on Sharks: Early Evidence, Challenges, and Future Directions“, in J. Vonk, A. Weiss, S. A. Kuczaj, *Personality in Nonhuman Animals,* Springer International Publishing, 2017, S. 129–152.

22 Abrantes, K. G., Barnett, A., „Intrapopulation Variations in Diet and Habitat Use in a Marine Apex Predator, the Broadnose Sevengill Shark (*Notorynchus cepedianus*)“, *Marine Ecology Progress Series,* 442, 2011, S. 133–148.

23 Matich, P., Kiszka, J. J., Heithaus, M. R., *et al.*, „Inter-individual Differences in Ontogenetic Trophic Shits among Three Marine Predators“, *Oecologia,* 189, 2019.

24 Burghardt, G. M., „Creativity, Play, and the Pace of Evolution“, in *Animal Creativity and Innovation,* hg. von Allison B. Kaufman et James C. Kaufman, Amsterdam, 2015, S. 129–161.

25 Finger, J. S., Guttridge, T. L., Wilson, A. D. M., *et al.*, „Are Some Sharks More Social than Others? Short and Long-Term Consistencies in Social Behavior of Juvenile Lemon Sharks“, *Behavioral Ecology and Sociobiology,* 72, 2018.

26 Sarano, François, *Le Retour de Moby Dick, a. a. O.*, S. 117–120.

27 Ari, C., D'Agostino, D. P., „Contingency Checking and Self-Directed Behaviors in Giant Manta Rays: Do Elasmobranchs Have Self-Awareness?“, *Journal of Ethology,* 34 (2), 2016, S. 167–174.

28 Le Neindre, Pierre, „Conscience des animaux. Quels consensus scientifiques?“, *Sesame,* 6, Interview mit S. Berthier, 2019.

29 Smith, J. D., Schull, J., Strote, J., *et al.*, „The Uncertain Response in the Bottlenosed Dolphin (*Tursiops truncatus*)“, *Journal of Experimental Psychology General,* 124 (4), 1995, S. 391–408.

30 Guttridge, T. L., Van Dijk, S., *et al.*, „Social Learning in Juvenile Lemon Sharks, *Negaprion brevirostris*“, *Animal Cognition,* 16 (1), 2013, S. 55–64.

31 Vila Pouca, C., Heinrich, D., Huveneers, C., *et al.*, „Social Learning in Solitary Juvenile Sharks“, *Animal Behavior,* 159, 2019, S. 21–27.

Kapitel 6

1 Ware, D. M., Thomson, R. E., „Bottom-Up Ecosystem Trophic Dynamics Determine Fish Production in the Northeast Pacific“, *Science,* 308 (5726), 2005, S. 1280–1284.
Barber, R. T., Chavez, F. P., „Biological Consequences of El Niño“, *Science*, 222 (4629), 1983, S. 1203–1210.
Skubel, R. A., Kirtman, B. P., Fallows, C., *et al.*, „Patterns of Long-Term Climate Variability and Predation Rates by a Marine Apex Predator, the White Shark *Carcharodon carcharias*“, *Marine Ecology Progress Series*, 587, 2018, S. 129–139.

2 Semmens, J. M., Payne, N. L., Huveneers, C., *et al.*, „Feeding Requirements of White Sharks May Be Higher than Originally Thought“, *Scientific Reports,* 3 (1471), 2013.

3 www.youtube.com/watch?v=b-m68A-7bQs&feature=youtu.be.
www.youtube.com/watch?v=PxADeN_cyv0&feature=youtu.be.

4 Carey, F. G., *et al.*, „Temperature and Activities of a White Shark, *Carcharodon carcharias*“, *Copeia*, 1982, S. 254–260.

5 Cortés, E., Gruber, S. H., „Diet, Feeding Habits and Estimates of Daily Ration of Young Lemon Sharks, *Negaprion brevirostris* (Poey)“, *Copeia*, 1990, S. 204–218.

6 Atlantic Dawn Trawler: https://britishseafishing.co.uk/atlantic-dawn-the-ship-from-hell.

7 Bruce, B., Bradford, R., *et al.*, „A National Assessment of the Status of White Sharks“, *National Environmental Science Programme*, Marine Biodiversity Hub, CSIRO, Hobart, Tasmania, 2018.

8 Stillwell, C. E., Kohler, N. E., „Food, Feeding Habits and Estimates of Daily Ration of the Shortfin Mako (*Isurus oxyrinchus*) in the Northwest Atlantic“, *Journal canadien des sciences halieutiques et aquatiques*, 39 (3), 1982, S. 407–414.

9 Queiroz, A. M., Correia, J. P., Cabral, H., „Food Habits of the Shortfin Mako, *Isurus oxyrinchus*, off the Southwest Coast of Portugal“, *Environmental Biology of Fishes,* 77 (2), 2006, S. 157–167.

10 Harlin, Renny, *Deep Blue Sea*, Warner Bros. et Village Roadshow Pictures, 1999.

11 Matthieu Coutant, Aquarium von La Rochelle, persönliche Aufzeichnungen, 2021.

12 Stéphanie Orengo, Institut océanographique de Monaco, persönliche Aufzeichnungen, 2021.

13 Brown, C. M., Paxton, A. B., Taylor, J. C., *et al.*, „Short-Term Changes Reef in Fish Community Metrics Correlate with Variability in Large Sharks Occurrence", *Food Webs*, 24 (7), 2020.

Lester, E. K., Langlois, T. J., McCormick, M. I., Simpson, S. D., Bon, T., Meekan, M. G., „Relative Influence of Predators, Competitors and Seascape Heterogeneity on Behaviour and Abundance of Coral Reef Mesopredators", *Oikos Advancing Ecology*, 25. Oktober 2021, https://doi. org/10.1111/oik.08463.

14 Ballesta, Laurent, *700 requins dans la nuit*, Andromède Océanologie, Paris, 2017.

15 Mourier, J., *et al.*, „Extreme Inverted Trophic Pyramid of Reef Sharks Supported by Spawning Groupers", *Current Biology*, 26 (15), 2016.

16 Navia, A. F., Mejia-Falla, P. A., Lopes-Garcia, J., *et al.*, „How Many Trophic Roles Can Elasmobranchs Play in a Marine Tropical Network?", *Marine and Freshwater Research*, 68 (7), 2016, S. 1–12.

17 Guttridge, T. L., Gruber, S. H., Franks, B. R., *et al.*, „Deep Danger: Intraspecific Predation Risk Influences Habitat Use and Aggregation Formation of Juvenile Lemon Shark", *Marine Ecology Progress Series*, 445, 2012, S. 279–291.

Tavares, Rafael, „Survival Estimates of Juvenile Lemon Sharks Based on Tag-Recapture Data at Los Roques Archipelago, Southern Caribbean", *Caribbean Journal of Science*, 50 (1), 2020, S. 171–177.

18 Semmens, J. M., Payne, N. L., Huveneers, C., *et al.*, „Feeding Requirements of White Sharks May Be Higher than Originally Thought", *Scientific Reports*, 3, 2013, S. 1471.

19 Aines, A. C., Carlson, J. K., Boustany, A., *et al.*, „Feeding Habits of the tiger Shark, *Galeocerdo cuvier*, in the Northwest Atlantic Ocean and Gulf of Mexico", *Environmental Biology of Fishes*, 101, 2018, S. 403–415.

20 Hounslow, J., Jewell, O., Fossette, S., *et al.*, „Animal-Borne Video from a Sea Turtle Reveals Novel Anti-Predator Behaviors", *Ecology*, 102 (4), 2021.

21 Heithaus, M. R., Frid, A., Wirsing A. J., *et al.*, „State-Dependent Risk-Taking by Green Sea Turtles Mediates Top-Down Effects of Tiger Shark Intimidation in a Marine Ecosystem", *Journal of Animal Ecology*, 76, 2007, S. 837–844.
22 WWF: www.worldwildlife.org/stories/five-ways-sharks-and-rays-help-the-world.
23 Sea Shepherd: www.seashepherd.nc/protection-du-requin-amelen.
24 Ripple, W. J., Beschta, R. L., „Large Predators Limit Herbivore Densities in Northern Forest Ecosystems", *European Journal of Wildlife Research*, 2012. DOI: 10.1007/s10344-012-0623-5.
Callan, R., Nibbelink, N. P., Rooney, T., *et al.*, „Recolonizing Wolves Trigger a Trophic Cascade in Wisconsin (USA)", *Journal of Ecology*, 2013. DOI: 10.1111/1365-2745.12095.
25 Shiffman, David, „Sharks Create Oxygen: A Scientific Perspective", *Southern Fried Science*, 2012.
26 Myers, R., Baum, J., Shepherd, T., *et al.*, „Cascading Effects of the Loss of Apex Predatory Sharks from a Coastal Ocean", *Science,* 315 (5820), 2007.
27 Ware, D. M., Thomson, R. E., Art. zit.
28 Navia, A. F., Mejia-Falla, P. A., Lopes-Garcia, J., *et al.*, Art. zit.
Cerqueira Ferreira, L., Thums, M., Heithaus, M., *et al.*, „The Trophic Role of a Large Marine Predator, the Tiger Shark *Galeocerdo cuvier*", *Scientific Reports*, 7 (1), 2017, S. 1–14.
Madigan, D. J., Carlisle, A. B., Dewar, H., *et al.*, „Stable Isotope Analysis Challenges Wasp-Waist Food Web Assumptions in an Upwelling Pelagic Ecosystem", *Scientific Reports*, 2 (654), 2012.
29 Kim, S. L., Tinker, M. T., Estes, J. A., *et al.*, „Ontogenetic and Among-Individual Variation in Foraging Strategies of Northeast Pacific White Sharks Based on Stable Isotope Analysis", *Plos One*, 7 (9), 2012.
Matich, P., Kiszka, J. J., Helthaus, M. R., *et al.*, Art. zit.
30 Hussey, N. E., MacNeil, M. A., Siple, M., *et al.*, „Expanded Trophic Complexity among Large Sharks", *Food Webs*, 4, 2015, S. 1–7.
31 Kiszka, J. J., Aubail, A., Hussey N. E., *et al.*, „Plasticity of Trophic Interactions among Sharks from The Oceanic South-Western Indian Ocean Revealed by Stable Isotope and Mercury Analyses", *Deep Sea Research*, I, 96, 2015, S. 49–58.

32 Rogers, P. L., *et al.*, „A Quantitative Comparison of the Diets of Sympatric Pelagic Sharks in Gulf and Shelf Ecosystems off Southern Australia“, *ICES Journal of Marine Science*, 69 (8), 2012, S. 1382–1393.
33 Frisch, A. J., Ireland, M., Rizzari, J. R., *et al.*, „Reassessing the Trophic Role of Reef Sharks as Apex Predators on Coral Reefs“, *Coral Reefs*, 35, 2016, S. 459–472.
34 Matich, P., Kiszka, J. J., Mourier, J., *et al.*, „Species Co-Occurrence Affects the Trophic Interactions of Two Juvenile Reef Shark Species in Tropical Lagoon Nurseries in Moorea (French Polynesia)“, *Marine Environmental Research*, 127, 2017, S. 84–91.
Schaub, Coralie, *a. a. O.*, S. 127.
35 Roff, G., Doropoulos, C., Rogers, A., *et al.*, „The Ecological Role of Sharks on Coral Reefs“, *Trends in Ecology and Evolution*, 31 (5), 2016, S. 395–407.
Brown, C. M., Paxton, A. B., Taylor, J. C., *et al.*, Art. zit.
36 Dr. Johann Mourier, persönliche Aufzeichnungen, 2021.
37 Schaub, Coralie, *a. a. O.*, S. 120–141.
38 Labourgade, P., Ballesta, L., Huveneers, C., *et al.*, „Heterospecific Foraging Associations between Reef-Associated Sharks: First Evidence of Kleptoparasitism in Sharks“, *Ecology*, 2020.
39 Lett, C., Semeria, M., Thiebault, A., *et al.*, „Effects of Successive Predator Attacks on Prey Aggregations“, *Theoretical Ecology*, 7 (3), 2014, S. 239–252.
Thiebault, A., Semeria, M., Lett, C., *et al.*, „How to Capture Fish in a School? Effect of Successive Predator Attacks on Seabird Feeding Success“, *Journal of Animal Ecology*, 85 (1), 2015.
40 Valéry, Paul, *Die fixe Idee oder zwei Männer am Meer*, Frankfurt, 1965, letzter Satz
41 Ballesta, Laurent, *a. a. O.*
Mourier, J., Ballesta, L., Clua, E., *et al.*, „Visitation Patterns of Camouflage Groupers *Epinephelus Polyphekadion* at a Spawning Aggregation in Fakarava Inferred by Acoustic Telemetry“, *Coral Reefs*, 38 (5), 2019, S. 909–916.
42 Schaub, Coralie, *a. a. O.*, S. 132–135.
43 Chin, A., Mourier, J., Rummer, J. L., „Blacktip Reef Sharks (*Carcharhinus melanopterus*) Show High Capacity for Wound Healing and

Recovery Following Injury“, *Conservation Physiology*, 3, 2015. DOI: 10.1093/conphys/cov062.

Pogoreutz, C., Gore, M. A., Perna, G., *et al.*, „Similar Bacterial Communities on Healthy and Injured Skin of Black Tip Reef Sharks“, *Animal Microbiome*, 1 (9), 2019.

Chin, A., Mourier, J., Rummer, J. L., Art. zit.

44 Marra, N. J., Stanhope, M. J., Jue, N. K., *et al.*, „White Shark Genome Reveals Ancient Elasmobranch Adaptations Associated with Wound Healing and the Maintenance of Genome Stability“, *PNAS,* 116 (10), 2019, S. 4446–4455.

45 Lane, William, Comac, Linda, *Sharks Still Don't Get Cancer: The Continuing Story of Shark Cartilage Therapy*, Avery, 1996, S. 246.

46 Finkelstein, J. B., „Sharks Do Get Cancer: Few Surprises in Cartilage Research“, *Journal of the National Cancer Institute*, 97 (21), 2005, S. 1562–1563. DOI: 10.1093/jnci/dji392.

Holden, C., „Sharks DO Get Cancer“, *Science*, 288 (5464), 2000, S. 259. DOI: 10.1126/science.288.5464.259d.

Ostrander, G. C., Cheng, K. C., Wolf, J. C., *et al.*, „Shark Cartilage, Cancer and the Growing Threat of Pseudoscience“, *Cancer Research,* 64 (23), 2004, S. 8485–8491.

47 Morick, D., Davidovitch, N., Bigal, E., *et al.*, „Fatal Infection in a Wild Sandbar Shark (*Carcharhinus plumbeus*), Caused by *Streptococcus agalactiae*, Type Ia-ST7“, *Animals*, 10 (2), 2020, S. 284.

48 Henderson, A. C., Flannery, K., et Dunne, J., „Parasites of the Blue Shark (*Prionace glauca L.*), in the North-East Atlantic Ocean“, *Journal of Natural History*, 36 (16), 2002, S. 1995–2004. DOI: 10.1080/00222930110078834.

49 Hewitt, C. G., „Eight Species of Parasitic Copepoda on a White Shark“, *New Zealand Journal of Marine and Freshwater Research*, 13 (1), 1979, S. 171.

50 Pickering, M., Caira, J. N., „A New Hyperapolytic Species, Trilocularia Eberti sp. N. (*Cestoda: Tetraphyllidea*), from Squalus Cf. Mitsukurii (Squaliformes: *Squalidae*) o South Africa with Comments on its Development and Fecundity“, *Folia Parasitologica*, 59 (2), 2012, S. 107–114.

51 Moyer, J. K., Dodd, J., *et al.*, „Observation of a Sea Lamprey, *Petromyzon marinus*, on a Pelagic Blue Shark, *Prionace glauca*", *Northeastern Naturalist*, 27 (2), 2020, N16-N20.

52 Hoyos, M., Papastamatiou, Y. P., O'Sullivan, J., *et al.*, „Observation of an Attack by a Cookiecutter Shark (*Isistius brasiliensis*) on a White Shark (*Carcharodon carcharias*)", *Pacific Science*, 67, 2013, S. 129–134.

53 Cheyanne, P., „Sharks and Microorganism: A Case of Peaceful Cohabitation", *United Academics Magazine*, 2020, www.ua-magazine.com/2020/08/17/shark-microbiome-defense.

54 Leigh, S. C., Papastamatiou, Y. P., German D. P., „Gut Microbial Diversity and Digestive Function of an Omnivorous Shark", *Marine Biology*, 168 (55), 2021.

Leigh S. C., Papastamatiou, Y. P., German, D. P., „The Nutritional Physiology of Sharks", *Review in Fish Biology and Fisheries*, 27, 2017, S. 561–585.

55 Oliver, S. P., Hussey, N. E., Truner, J. R., *et al.*, „Oceanic Sharks Clean at Coastal Seamount", *Plos One*, 6 (3), 2011, e14755.

Cadwallader, H. F., Turner, J. R., Oliver, S. P., „Cleaner Wrasse Forage on Ectoparasitic Digeneans (Phylum Platyhelminthes) that Infect Pelagic Thresher Sharks (*Alopias pelagicus*)", *Marine Biodiversity*, 45 (4), 2014, S. 613–614.

56 Redouan, B., Côté, I., „New Perspectives on Marine Cleaning Mutualism", *Fish Behaviour*, 2008, S. 563–592.

57 Waldie, P. A., Blomberg, S. P., Cheney, K. L., *et al.*, „Long-Term Effects of the Cleaner Fish *Labroides dimidiatus* on Coral Reef Fish Communities", *Plos One*, 6 (6), 2011, e21201.

58 Redouan, B., Côté, I., Art. zit.

59 Perrin Jacques, Cluzaud, Jacques, *Unsere Ozeane*, Galatée Films, 2010.

60 Hammerschlag, N., Williams, L., Fallows, M., *et al.*, „Disappearance of White Sharks Leads to the Novel Emergence of an Allopatric Apex Predator, the Sevengill Shark", *Scientific Reports*, 9, 2019.

61 Engelbrecht, T. M., Kock, A., O'Riain, J. M., „Running Scared: When Predators Become Prey", *Ecosphere*, 10, 2019.

62 „Shark Free Chips"-Kampagne, https://sharkfreechips.com.

63 Smith, Donavan, Angriff eines Schwertwals auf einen Weißen Hai, Südafrika, www.youtube.com/watch?v=Pq-T0Q91I1U.

Schwertwale machen Jagd auf einen Tigerhai: www.youtube.com/watch? v=uqimOYOQjJ8.

64 Jorgensen, S. J., Anderson, S., Ferretti, F., *et al.*, „Killer Whales Redistribute White Shark Foraging Pressure on Seals", *Scientific Reports*, 9 (6153), 2019.

65 Smith, C. R., Baco, A. R., „Ecology of Whale Falls at The Deep-Sea Floor", *Oceanography and Marine Biology: An Annual Review*, 41, 2003, S. 311–354.
Alfaro-Lucas, J. M., Shimabukuro, M., Ogata, I., *et al.*, „Trophic Structure and Chemosynthesis Contributions to Heterotrophic Fauna Inhabiting an Abyssal Whale Carcass", *Marine Ecology Progress Series*, 596, 2018, S. 1–12.

66 Higgs, N. D., Gates, A. R., Jones, D., *et al.*, „Fish Food in The Deep Sea: Revisiting the Role of Large Food-Falls", *Plos One*, 9 (5), 2014, e96016.

Kapitel 7

1 Wetterstation Paris-Montsouris: http://meteo-climat-bzh.dyndns.org/metannee-1-1748.php.

2 Nielsen, J., Hedeholm, R. B., Heinemeier, J., *et al.*, „Eye Lens Radiocarbon Reveals Centuries of Longevity in the Greenland Shark (*Somniosus microcephalus*)", *Science*, 353 (6300), 2016, S. 702–704.

3 Forschungsgruppe Grönlandhai, https://geerg.ca/fr/la-verite-sur-le-requin-du-groenland.

4 Programme TOPP (Tagging of Pelagic Predators): https://gtopp.org/about-gtopp/animals/salmon-sharks.html.

5 Carlisle, A. B., Goldman, K. J., Litvin, S. Y., *et al.*, „Stable Isotope Analysis of Vertebrae Reveals Ontogenetic Changes in Habitat in an Endothermic Pelagic Shark", *Proceedings of the Royal Society B: Biological Sciences*, 282 (1799), 2014.

6 Serres, Marcel de, *a. a. O.*, S. 397.

7 Cousteau, Jean-Michel, Mose, Richard, *Le Grand Requin blanc*, Paris, 1992, S. 159.

8 Bradford, R. W., Patterson, T. A., Rogers, P., *et al.*, „Evidence of Diverse Movement Strategies and Habitat Use by White Sharks,

Carcharodon Carcharias, off Southern Australia", *Marine Biology*, 167 (96), 2020.

9 Bonfil, R., Meyer, M., Scholl, M. C., *et al.*, „Transoceanic Migration, Spatial Dynamics, and Population Linkages of White Sharks", *Science*, 310 (5745), 2005, S. 100–103.

10 Domeier, M. L., Nasby-Lucas, N., *et al.*, „Fine-scale Habitat Use by White Sharks at Guadalupe Island, Mexico", in *Global Perspectives on the Biology and Life History of the White Shark*, 2012, S. 121–132.

11 Weng, K. C., Boustany, A. M., Pyle, P., *et al.*, „Migration and Habitat of White Sharks (*Carcharodon Carcharias*) in the Eastern Pacific Ocean", *Marine Biology*, 152, 2007, S. 877–894.

12 Le Croizier, G., Lorrain, A., Sonke, J. E., *et al.*, „The Twilight Zone as a Major Foraging Habitat and Mercury Source for the Great White Shark", *Environmental Science and Technology*, 54 (24), 2020, S. 15872–15882.

13 Deep Blue à Oahu (Hawaii), 14. Januar 2019, www.youtube.com/watch?v=KMRK0sDhmi0.

14 Domeier, M. L., Nasby-Lucas, N., „Two-Year Migration of Adult Female White Sharks (*Carcharodon carcharias*) Reveals Widely Separated Nursery Areas and Conservation Concerns", *Animal Biotelemetry*, 1 (2), 2013.

15 Spaet, J. L., Patterson, T. A., Bradford, R. W., *et al.*, „Spatiotemporal Distribution Patterns of Immature Australasian White Sharks (*Carcharodon carcharias*)", *Scientific Reports*, 10 (10169), 2020.

16 Skomal, G. B., Braun, C. D., Chisholm, J. H., *et al.*, „Movements of the White Shark (*Carcharodon carcharias*) in the North Atlantic Ocean", *Marine Ecology Progress Series*, 580, 2017, S. 1–16.

17 Nukimis Reise, das 50 Jahre alte und zwei Tonnen schwere Weiße Haiweibchen, das den Atlantik durchquerte und dabei von Ocearch beobachtet wurde, www.ocearch. org/tracker/detail/nukumi.

18 Ausgestellt im Zoologischen Museum Lausanne. Sarano, François, Granzotto, Stéphane, *o. a. O.*

19 Gubili, C., Bilgin, R., Kalkan, E., *et al.*, „Antipodean White Sharks on a Mediterranean Walkabout? Historical Dispersal Leads to Genetic Discontinuity and an Endangered Anomalous Population", *Proceedings of the Royal Society. Biological Sciences*, 278 (1712), 2011, S. 1679–1686.

20 Montes, C., Cardona, A., Jaramillo, C., *et al.*, „Middle Miocene Closure of the Central American Seaway“, *Science*, 348 (6231), 2015.
21 Jorgensen, S. J., Reeb, C. A., Chapple, T. K., *et al.*, „Philopatry and Migrations of Pacific White Sharks“, *Proceedings of the Royal Society B. Biological Sciences*, 277 (1682), 2009, S. 679–688.
22 Collareta, A., Landini, W., Bianucci, G., *et al.*, „Until Panama Do Us Part: New Finds from the Pliocene of Ecuador Provide Insights into the Origin and Palaeobiogeographic History of the Extant Requiem Sharks *Carcharhinus acronotus* and *Nasolamia velox*“, *Neues Jahrbuch für Geologie und Paläontologie. Abhandlungen,* 300, 2021, S. 103–115.
23 Sarano, François, *Rencontres sauvages. Réflexion sur 40 ans d'observation sous-marines*, Challes-les-Eaux, 2011, S. 212–219.
24 Skomal, G. B., Zeeman, S. I., Chisholm, J. H., *et al.*, „Transequatorial Migrations by Basking Sharks in the Western Atlantic Ocean“, *Current Biology,* 19 (12), 2009, S. 1019–1022.
25 Abbildungen verschiedener Projektionen der Erde, darunter die des Ozeanografen Athelstan Spilhaus, http://cartonumerique.blogspot.com/2020/09/projection-spilhaus.html.
26 Kontinentaldrift seit 750 Millionen Jahren, https://sites. google.com/a/upr.edu/planetary-habitability-laboratory-upra/projects/visual-paleo-earth/vpe-animations.
27 Anderson, J. M., Clegg, T. M., Véras, L., *et al.*, „Insight into Shark Magnetic Field Perception from Empirical Observations“, *Scientific Reports,* 7 (11042), 2017.
28 Keller, B. A., Putman, N. F., Grubbs, R. D., *et al.*, „Map-Like Use of Earth's Magnetic Field in Sharks“, *Current Biology,* 31 (13), 2021, S. 2881–2886.
Meyer, C., Holland, K., Papastamatiou, Y. P., „Sharks Can Detect Changes in the Geomagnetic Field“, *Journal of the Royal Society Interface,* 2 (2), 2005, S. 129–130.
29 Siehe European Space Agency (ESA), www.esa.int/Applications/Observing_the_Earth/Swarm/Swarm_tracks_elusive_ocean_magnetism.
30 Meyer C., Holland K., „The Shark Magnetic Sense“, Hawaii Institute of Marine Biology, Shark Research, www.himb.hawaii.edu/ReefPredator/Shark%20Magnet.htm.

31 www.notre-planete.info/actualites/1754-champ-magnetique-inversion-poles.

32 Livermore, P. W., Finlay, C., Bayli, M., „Recent North Magnetic Pole Acceleration Towards Siberia Caused by Flux Lobe Elongation", *Nature Geoscience*, 13, 2020, S. 387–391.

33 *Ebd.*

34 Mann, D. A., Lobel, P. S., „Acoustic Behavior of the Damselfish *Dascyllus albisella:* Behavioral and Geographic Variation", *Environmental Biology of Fishes,* 51 (4), 1998, S. 421–428.

35 Montes, C., Cardona, A., Jaramillo, C., *et al.*, a. a. O., S. 226–229.

36 Programme Tagging of Pelagic Predators (Topp), www.gtopp.org.
Miller, P. I., Scales, K. L., Ingram, S. N., *et al.*, „Basking Sharks and Oceanographic Fronts: Quantifying Associations in the North-East Atlantic", *Functional Ecology*, 29 (8), 2015, S. 1099–1109.
McMahon, C. R., Roquet, F., Baudel, S., Belbeoch, M., Bestley, S., Blight, C., Boehme, L., Carse, F., Costa, D. P., Fedak, M. A., Guinet, C., Harcourt, R., Heslop, E., Hindell, M. A., Hoenner, X., Holland, K., Holland, M., Jaine, F. R. A., Jeanniard du Dot, T., Jonsen, I., Keates, T. R., Kovacs, K. M., Labrousse, S., Lovell, P., Lydersen, C., March, D., Mazlo, M., McKinzie, M. K., Muelbert, M. M. C., O'Brien, K., Phillips, L., Portela, E., Pye, J., Rintoul, S., Sato, K., Sequeira, A. M. M., Simmons, S. E., Tsontos, V. M., Turpin, V., van Wijk, E., Vo, D., Wege, M., Whoriskey, F. G., Wilson, K., Woodward, B., „Animal Borne Ocean Sensors – AniBOS – An Essential Component of the Global Ocean Observing System", *Frontiers in Marine Science*, 8 (751840), 2021. DOI: 10.3389/fmars.2021.751840.

37 Birkmanis, C. A., Partridge, J. C., Simmons, L. W., *et al.*, „Shark Conservation Hindered by Lack of Habitat Protection", *Global Ecology and Conservation*, 21, 2020.

Kapitel 8

1 Serres, Marcel de, *a. a. O.*

2 Sarano, François, Granzotto, Stéphane, *a. a. O.*

3 Bradaï, M.N., persönliche Aufzeichnungen in Vorbereitung zu *Méditerranée, le royaume perdu des requins*, 2013.

4 Saïdi, B., Enajjar, S., Karaa, S., *et al.*, „Shark Pelagic Longline Fishery in the Gulf of Gabes: Inter-Decadal Inspection Reveals Management Needs“, *Mediterranean Marine Science*, 20 (3), 2019, S. 532–541.
5 Ferretti, F., Myers, R. A., Serena, F., *et al.*, „Loss of Large Predatory Sharks from the Mediterranean Sea“, *Conservation Biology*, 22 (4), 2008, S. 952–964.
6 Serena, F., Barone, M., „Report on the Meeting of the Working Group on Recreational Fishing“, *Newsletter IUCN*, Shark Specialist Group, # 1, 2021, S. 60.
7 Conti, Anita, *Géants des mers chaudes*, Paris, 1957, 1997.
8 Conti, Anita, *La Dame de la mer. Photographe*, Revue Noire, 1998.
9 Martinez Candelas, I., Pérez-Giménez, J. C., Espinoza Tenorio, A., *et al.*, „Use of Historical Data to Assess Changes in the Vulnerability of Sharks“, *Fisheries Research*, 226 (105526), 2020.
10 Roff, G., Brown, C. J., Priest, M. A., *et al.*, „Decline of Coastal Apex Shark Populations over the Past Half Century“, *Communications Biology*, 1 (223), 2018.
11 Marcante Santana, F., Feitosa, L. M., Lessa, R. P., „From Plentiful to Critically Endangered: Demographic Evidence of the Artisanal Fisheries Impact on the Smalltail Shark (*Carcharhinus porosus*) from Northern Brazil“, *Plos One*, 15 (8), 2020.
12 Pacoureau, N., Rigby, C. L., Kyne, P. M., *et al.*, „Half a Century of Global Decline in Oceanic Sharks and Rays“, *Nature*, 589, 2021, S. 567–571.
13 Dulvy, N. K., Pacoureau, N., Rigby, C. L., *et al.*, „Overfishing Drives Over One-Third of All Sharks and Rays Toward a Global Extinction Crisis“, *Current Biology*, 2021, https://doi.org/10.1016/j.cub.2021.08.062.
14 Cardeñosa, D., Fields, A. T., Babcock, E. A., *et al.*, „Species Composition of the Largest Shark Fin Retail-Market in Mainland China“, *Scientific Reports*, 10 (1), 2020.
15 Save our Seas, https://saveourseas.com/how-many-sharks-are-caught-each-year.
16 Liu, C. J. N., Neo, S., Rengifo, N. M., *et al.*, „Sharks in Hot Soup: DNA Barcoding of Shark Species Traded in Singapore“, *Fisheries Research*, 241 (3), 2021.

17 Chabrol, Romain, „Le prix hideux de la beauté: une enquête sur le marché de l'huile de foie de requin profond", Paris, 2012, S. 35.
18 www.bloomassociation.org/la-belle-et-la-bete-etude-exclusive-du-requin-dans-nos-cremes-de-beaute.
19 Quero-Jiménez, P. C., Arias Felipe, L. A., Prieto Garcia, J., *et al.*, „Local Cuban Bentonite Clay as Potential Low-Cost Adsorbent for Shark Liver Oil Pool Purification", *Journal of Pharmacy and Pharmacognosy Research*, 9 (4), 2021, S. 525–536.
20 Horax, D., Wiraguna, A. A. G. P., Pinatih, G. N. I., „Topical Administration of Deep Sea Shark Liver Oil (DessloTM) Inhibit Nuclear Factor-Kappa Beta (NF-kB) Expression in Wistar Rats (*Rattus norvegicus*) Skin Exposed to Ultraviolet-B", *Indonesian Journal of Anti-Aging Medicine*, 4 (1), 2020, S. 5–7.
21 Moelyono, F. S., Pangkahila, W., „Administration of Deep Sea Shark Liver Oil Reduce Malondialdehid (Mda) Levels on Male Wistar Rats Exposed to Cigarette Smoke", *Indonesian Journal of Anti-Aging Medicine*, 2 (2), 2018, S. 28–31.
22 Al Hatrooshi, A. S., Eze, V. C., Harvey, A. P., „Production of Biodiesel from Waste Shark Liver Oil for Biofuel Applications", *Renewable Energy*, 145, 2020, S. 99–105.
23 Weitere Informationen in der Untersuchung von Bloom: „Le poisson dans la restauration scolaire. Nos enfants mangent-ils des espèces menacées?", http://bloomassociation.org/download/Rapport%20Long %20 Cantine%20FR.pdf.
24 Walker, T. I., Rigby, C., Ellis, J., *et al.*, „Galeorhinus Galeus-Tope. The IUCN Red List of Threatened Species 2020", Global Shark Trends Project, 2020. DOI: 10.2305/IUCN. UK.2020-2.RLTS. T39352A290 7336.en.
25 Gelsleichter, J., Sparkman, G., Howey, L., *et al.*, „Elevated Accumulation of the Toxic Metal Mercury in the Critically Endangered Oceanic Whitetip Shark *Carcharhinus longimanus* from the Northwestern Atlantic Ocean", *Endangered Species Research*, 43, 2020, S. 267–279.
26 Kim, S. W., Han, S. J., Kim, Y., *et al.*, „Heavy Metal Accumulation in and Food Safety of Shark Meat from Jeju Island, Republic of Korea", *Plos One*, 14 (3), 2019.

Kazama H., Yamaguchi, Y., Harada, Y., *et al.*, „Mercury Concentrations in the Tissues of Blue Shark (*Prionace glauca*) from Sagami Bay and Cephalopods from East China Sea“, *Environmental Pollution*, 266 (1), 2020.

Weijs, L., Briels, N., Adams, D. H., *et al.*, „Bioaccumulation of Organo-halogenated Compounds in Sharks and Rays from the Southeastern USA“, *Environmental Research*, 137 (3), 2015, S. 199–207.

27 Pancaldi, F., Páez-Osuna, F., Soto-Jiménez, M. F., *et al.*, „Concentrations of Silver, Chrome, Manganese and Nickel in Two Stranded Whale Sharks (*Rhincodon typus*) from the Gulf of California“, *Bull Environ Contam Toxicol*, 2021. DOI: 10.1007/s00128-021-03244-1.

Castro-Rendón, R. D., Calle-Morán, M. D., García-Arévalo, I., *et al.*, „Mercury and Cadmium Concentrations in Muscle Tissue of the Blue Shark (*Prionace glauca*) in the Central Eastern Pacific Ocean“, *Biological Trace Element Research*, 2021, https://doi.org/10.1007/s12011-021-02932-7.

28 Wosnick, N., Niella, Y., Hammerschlag, N., *et al.*, „Negative Metal Bioaccumulation Impacts on Systemic Shark Health and Homeostatic Balance“, *Marine Pollution Bulletin*, 168, 2021.

29 Clarkson, T. W., Magos, L., et Myers, G. J., „The Toxicology of Mercury: Current Exposures and Clinical Manifestations“, *New England Journal of Medicine*, 349 (18), 2003, S. 1731–1737.

30 Zeitoun, M. M., et Mehana El-S. E., „Impact of Water Pollution with Heavy Metals on Fish Health: Overview and Updates“, *Global Veterinaria*, 12 (2), 2014, S. 219–231.

31 Parton, K., „Elasmobranch (Sharks and Rays) Interaction with Plastic Pollution from Global and Local Perspectives, via Entanglement within Anthropogenic Debris and Synthetic Fibre Ingestion“, Doktorarbeit, Universität Exeter, 2019.

32 Parton, K. J., Godley, B. J., Santillo, D., *et al.*, „Investigating the Presence of Microplastics in Demersal Sharks of the North-East Atlantic“, *Scientific Reports*, 10 (12204), 2020.

33 Germanov, E. S., Marshall, A. D., Hendrawan, I. G., *et al.*, „Microplastics on the Menu: Plastics Pollute Indonesian Manta Ray and Whale Shark Feeding Grounds“, *Front. Mar. Sci.*, 2019.

34 Parton, K. J., Galloway, T. S., Godley, B. J., „Global Review of Shark and Ray Entanglement in Anthropogenic Marine Debris", *Endangered Species Research*, 39, 2019, S. 173–190.
35 Brunnschweiler, J., Huveneers, C., Borucinska, J., „Multi-Year Growth Progression of a Neoplastic Lesion on a Bull Shark (*Carcharhinus leucas*)", *Matters Select*, 2017.
36 Walton, Jessie, „The Effects of Cyclic Thermal Stress on Oviparous Shark Development", Doktorarbeit, Universität Sudbury, Ontario, 2020.
37 Kessel, S. T., Chapman, D. D., Franks, B. R., *et al.*, „Predictable Temperature-Regulated Residency, Movement and Migration in a Large, Highly Mobile Marine Predator (*Negaprion brevirostris*)", *Marine Ecology Progress Series*, 514, 2014, S. 175–190.
38 Bangley, C. W., Paramore, L., Shiman, D. S., *et al.*, „Increased Abundance and Nursery Habitat Use of the Bull Shark (*Carcharhinus leucas*) in Response to a Changing Environment in a Warm-Temperate Estuary", *Scientific Reports*, 8 (6018), 2018.
39 Steven Surina, persönliche Aufzeichnungen
40 Hoarau, F., Darnaude, A., Poirout, T., *et al.*, „Age and Growth of the Bull Shark (*Carcharhinus leucas*) around Reunion Island, South West Indian Ocean", *Journal of Fish Biology*, 99 (3), 2021, S. 1087–1099.
41 Manuzzi, A., Jiménez-Mena, B., Henriques, R., *et al.*, „Retrospective Genomics Suggests the Disappearance of a Tiger Shark (*Galeocerdo cuvier*) Population off South-Eastern Australia", *Research Square*, 2021.

Kapitel 9

1 Grandière, G., *in* Durville, Patrick und Sophie, Mulochau, Thierry, *Comprendre la crise requins à la Réunion*, Saint-Paul, Réunion, 2016, S. 58.
2 Weißer Hai, gefangen in La Réunion am 15. Oktober 2015, https://la1ere.francetvinfo.fr/reunion/2015/10/15/un-requin-blanc-de-390-m-capture-en-baie-de-saint-paul-296203.html.
3 Sarano, F., Mabile, S., „Aux surfeurs et à ceux qui veulent éliminer les requins", *Libération*, 27. August 2012.
Ribes-Beaudemoulin, S. (S. 102–103), Pothin K., (S. 96–97), Nativel, J.-F. (S. 85) *in* Durville, Patrick und Sophie, Mulochau, Thierry, *a. a. O.*
4 Mulquin, C., *ebd.*, S. 83.

5 Soria, M., *ebd.*, S. 110–111.
Soria, M., „Bilan de l'analyse des données de marquage collectées du mois de décembre 2011 au mois de septembre 2013 dans le cadre du programme CHARC", *in* M. Soria (Hg.) (IRD), Saint-Denis de la Réunion, 2014, S. 31.
Finaler wissenschaftlicher Abschlussbericht des CHARC-Programms, (Erforschung der Ökologie und des Lebensraums zweiter küstennaher Haiarten an der Westküste von La Réunion), Untersuchung über das Verhalten der Bullenhaie (*Carcharhinus leucas*) und Tigerhaie (*Galeocerdo cuvier*) in La Réunion, IRD, 2015.
6 Nativel, J.-F., *in* Durville, Patrick et Sophie, Mulochau, Thierry, *a. a. O.*, S. 85.
7 Siehe Bericht vom 17. April 2021, https://la1ere.francetvinfo.fr/reunion/saint-andre/saint-andre-un-requin-bouledogue-de-2-50m-peche-a-champ-borne-986440.html.
8 Siehe Bericht vom 27. Februar 2020, www.ipreunion.com/requins/reportage/2020/02/27/opr-bons-d-achat-requins-opr-bons-d-achat-requins, 115001.html.
9 Énault, Marianne, „Pêche aux requins en eaux troubles", *Journal du Dimanche*, 8. August 2021.
10 Association Saving Our Sharks, www.savingoursharks.org.
11 McKeon Mallory, G., Drew J., „Community Dynamics in Fijian Coral Reef Fish Communities Vary with Conservation and Shark-Based Tourism", *Pacific Conservation Biology,* 2018, https://doi.org/10.1071/PC18045.
12 International Shark Attack File, www.floridamuseum.ufl.edu/shark-attacks.
Midway, S. R., Wagner, T., Burgess, G. H., „Trends in Global Shark Attacks", *Plos One*, 14 (2), 2019.
13 Goy, Jacqueline, Calcagno, Robert, *Medusa. À la conquête des océans*, Monaco, 2014.
14 Angriff des Grauhais auf Julien Leblond, www.facebook.com/watch/?v=499900274066209.
15 Nelson, D. R., „Aggression in Sharks, Is the Grey Reef Shark Different?", *Oceanus*, 24, n° 4, 1981–1982.
Johnson, Richard H., *a. a. O.*

16 Ghislain Bardout, persönliche Aufzeichnungen, 2021.
17 Johann Mourier, persönliche Aufzeichnungen.
18 Angriff eines Tigerhais auf die Tauchlehrerin Céline Lefebvre am 31. Dezember 2020, www.youtube.com/watch?v=eFnO-0GSiV0&feature=share&ab_ channel=SharkIslandTV.
Céline Lefebvre, persönliche Aufzeichnungen, 2021.
19 Clua, E., „Fatal Shark Attacks on Humans: Rather an Individual Behavioral Problem Than a Collective Ecological Issue", *MS for Behavioral Ecology,* 2015.
Clua, E., Linnell, J., Art. zit.
20 TheMalibuArtist, Video eines Weißen Hais inmitten von Schwimmern, www.youtube.com/watch?app=desktop&v=Ile5NS7ucec&feature=share&fb-clid=IwAR3EKTud-bKFrCE1uB1NQ6QBtAmjAnWs3PtFqJ_ WpBmHITnHvWYiBlRIKLE.
21 Pepin-Ne, C., „Australian Beach Safety and the Politics of Shark Attacks", *Coastal Management*, 40 (1), 2012, S. 88–116.
22 *Ebd.*
23 Cliff, G., Dudley, S. F. J., „Reducing the Environmental Impact of Shark-Control Programs: a Case Study from Kwazulu-Natal, South Africa", M*arine and Freshwater Research*, 62, 2011, S. 700–709.
24 Wetherbee, B. M., Lowe, C. G., Crow, G. L., „A Review of Shark Control in Hawaii with Recommendations for Future Research", *Pacific Science*, 48 (2), 1994, S. 95–115.
25 „Arrêtons de prendre des risques", *Le Quotidien de la Réunion*, 28. August 2006.
26 Éric Clua, Progenir-Programm für das individuelle Genprofil von Haien, www.thesharkprofiler.com.
27 Clua, E., Linnell, J., Art. zit.
28 *Ebd.*
https://thesharkprofiler.com.
Clua, E., Reid, D., „Contribution of Forensic Analysis to Shark Profiling Following Fatal Attacks on Humans", in *Post Mortem Examination and Autopsy – Current Issues From Death to Laboratory Analysis,* hg. von Kamil Hakan Dogan, IntechOpen, 2018, Kap. 5.
29 Nativel, J.-F., *in* Durville, Patrick und Sophie, Mulochau, Thierry, *a. a. O.*, S. 85.

30 McPhee, D., Peddemors, V., Smith, M. L., *et al.*, „A Comparison of Alternative Systems to Catch and Kill for Mitigating Unprovoked Shark Bite on Bathers or Surfers at Ocean Beaches“, *Ocean and Costal Management*, 201 (15), 2021.
31 Durville, Patrick und Sophie, Mulochau, Thierry, *a.a. O.*, S. 76. Kursivierung durch den Autor.
32 *Ebd.*, S. 85.
33 *Ebd.*, S. 15.
34 Cousteau, J.-Y., Cousteau, J.-M., *La Machine à remonter le temps. Papouasie-Nouvelle-Guinée 1*, Dokumentarfilm (Länge: 52 min), Antenne 2, 1989.
35 Abrantes, K. G., Barnett, A., Art. zit.
36 Apps, K., Dimmock, K., Huveneers, C., „Turning Wildlife Experiences Into Conservation Action: Can White Shark Cage-Dive Tourism Influence Conservation Behaviour?“, *Marine Policy*, 88, 2018, S. 108–115. Lucrezi, S., Bargnesi, F., Burman, F., „I Would Die to See One“: A Study to Evaluate Safety Knowledge, Attitude, and Behavior Among Shark Scuba Divers“, *Tourism in Marine Environments*, 15 (3–4), 2020, S. 127–158.
37 Sutcliffe, S. R., Barnes, M. L., „The Role of Shark Ecotourism in Conservation Behaviour: Evidence from Hawaii“, *Marine Policy*, 97, 2018, S. 27–33.
38 Céline Lefebvre, persönliche Aufzeichnungen.
39 Association Fin For a Fin, www.facebook.com/finforafin.
40 https://whc.unesco.org/fr/list/1216.
www.fundacionmalpelo.org.
https://whitleyaward.org/winners/shark-conservation-malpelo-world-heritage-site-colombia.
41 Sandra Bessudo, persönliche Aufzeichnungen.
42 Shark Education, www.sharkeducation.com.
43 Steven Surina, persönliche Aufzeichnungen.
44 Stewart, Rob, *Sharkwater - Wenn Haie sterben*, Dream Works SKG/ Universal Pictures, Dokumentarfilm (Länge 90 min), 2008.
www.sharkwater.com
45 Sea Shepherd, https://seashepherd.fr.
46 Longitude 181, www.longitude181.org.

47 L 181, www.longitude181.org/wp-content/uploads/2016/07/historique_ campagne_polynesie.pdf.
48 Ballesta, Laurent, *a. a. O.*
49 Ward-Paige, C. A., Keith, D. M., Worm, B., *et al.*, „Recovery Potential and Conservation Options for Elasmobranchs", *Journal of Fish Biology*, 80 (5), 2012, S. 1844–1869.

Kapitel 10

1 „À quoi servent les Gitans de Perpignan", Schlagzeile der Tageszeitung *Le Petit Journal catalan* vom 20. August 2015.
2 Pacoureau, N., Rigby, C. L., Kyne, P. M., *et al.*, „Half a Century of Global Decline in Oceanic Sharks and Ray", *Nature*, 589, 2021, S. 567–571.
3 Collectif, *Le Petit Prince. Dessine-moi ta planète*, Paris, 2021, S. 50–53.
4 Gary, Romain, Art. zit.
5 Allers, Roger, Minkoff, Robert, *Der König der Löwen*, Studios Disney, 1994.
6 Sarano, Véronique, Sarano, François, *Libye*, La Manufacture, 2001.
7 Sarano, Jacques, *L'Homme double. Dualité et duplicité*, Blois, 1979.
8 Morizot, Baptiste, *a. a. O.*, 2018.
9 Morizot, Baptiste, *Manières d'être vivant*, Paris, 2020, S. 279–287.
10 Schaub, Coralie, *a. a. O.*, S. 173.
11 *Ebd.*, S. 191.
12 Perrin, Jacques, Cluzaud, Jacques, *a. a. O.*
Durand, Stéphane, Sarano, François, *Unsere Ozeane*, München, 2009, S. 44–57.
13 Sarano, François, Granzotto, Stéphane, *a. a. O.*
14 Morizot, Baptiste, *a. a. O.*, 2020, S. 35.

Ergänzende Bibliografie

Parsons, G. R., Hoffmayer, E. R., et al., „A Review of Shark Reproductive Ecology: Life History and Evolutionary Implications“, in Fish Reproduction, Kap. 14, Boca Raton, 2008, S. 435–469.

Mojetta, Angelo, Haie, Hamburg, 2004.

Mourier, Johann, 40 idées fausses sur les requins, Versailles, 2020.

Surina, Steven, Lecœur, Greg, Requins. Guide de l'interaction, Turtle Prod Edition, 2018.

Dank

Ich bedanke mich herzlich bei:

Véronique, Marion, Maud, Ayaté und Brice, ihr macht meinen Alltag lebendig, ohne euch hätte es das Buch nicht gegeben. Und dich, Véronique, könnte man durchaus als Mitautorin bezeichnen.

Stéphane, dieses Buch hat deiner aufmerksamen Lektüre, deinem Ansporn und deiner Freundschaft viel zu verdanken.

Anne-Sylvie, Françoise, Jean-Paul, danke für euer Vertrauen und eure immer offenen Türen.

Marie-Amélie, Vanessa, ihr habt mit scharfem Auge alle unvollständigen bibliografischen Angaben ausgemacht.

Sandra Bessudo, mit deiner stets freundlichen Überzeugungskraft trägst du unaufhörlich zum Schutz der Lebewesen der Meere, unserer Verwandten, bei.

Pascal Kobeh, du hast als Fotograf und verlässlicher Begleiter die Begegnungen mit Lady Mystery während der Dreharbeiten zu *Unsere Ozeane* festgehalten.

Gérard Soury, Haiexperte, dem ich das Foto während der Dreharbeiten in Guadaloupe 2013 verdanke.

Mein Dank gilt ebenfalls dem Haiexperten Dr. Johann Mourier und Dr. Éric Clua, dem *shark profiler* von der École Pratique des Hautes Études, ein Pionier im Bereich der Forschung über die Persönlichkeit der Haie, für ihre Ratschläge und aufmerksame Lektüre.

Für ihre wertvollen Erlebnisberichte aus erster Hand danke ich Céline Lefebvre, Steven Surina, Ghislain Bardout und Laurent Debas.

Dieses Buch beruht auf Hunderten von Tauchgängen mit Haien in allen Weltmeeren. Alle wurden in Teams durchgeführt, und ihren Erfolg verdanke ich der Zusammenarbeit und der Freundschaft derer, die während dieser unvergesslichen Begegnungen an meiner Seite waren. Seit den 1970er Jahren waren das in chronologischer Reihenfolge: meine Kameraden aus dem Cercle Valence Plongée; Fernand Voisin und die Besatzung der *Petrouchka*; Jacques-Yves Cousteau, Albert Falco und die Besatzung der *Calypso;* Christian Pétron, Yves Lefèvre, Jean-Marc Bourg, Luc Hieulle, Pascal Szymanek, in Erinnerung an unsere ersten Begegnungen mit Weißen Haien an der Seite von Andre Hartman, Jacques Perrin, Jacques Cluzaud, Olli Barbé, Patricia Lignières und das Filmteam von *Unsere Ozeane*; René Heuzey und Stéphane Granzotto; Didier Manenq und das Team von Phocea Mexico; Fred Bassemayousse und meine Freunde von Longitude 181 und seinem langjährigen Vorsitzenden Patrice Bureau, die im Verborgenen dafür arbeiten, dass zukünftige Generationen den Ozean noch reicher vorfinden werden, als wir ihn heute kennen.

Ich danke dem Centre national du livre (CNL) für seine Unterstützung.

Die Drucklegung erfolgte mit freundlicher Unterstützung durch
die Abteilung für deutsche Kultur in der Südtiroler Landesregierung.

Die Originalausgabe ist 2022 bei Actes Sud, Arles, unter dem Titel *Au nom des requins* erschienen.

Das Zitat auf Seite 27 stammt aus: Hugo, Victor, *Die Arbeiter des Meeres*, übersetzt von Rainer G. Schmidt, ISBN: 978-3-86648-254-8, mare: Hamburg 2017.

Bildnachweis: Illustrationen Innenteil Marion Sarano; Illustration Cover Arnold Mario Dall'O; © Pascal Kobeh/Galatée Films: Umschlagmotiv, S. 112/113, S. 267 und alle Fotos im Farbteil. Gérard Soury: S. 228 und Galatée Films: S. 262/263 haben bis zur Drucklegung nicht auf die Abdruckanfrage reagiert. Der Verlag kommt auf jeden Fall seinen Verpflichtungen nach.

Lektorat: Susanne Eversmann
Fachliche Beratung: Gunther Willinger

2. Auflage 2024

Grafische Gestaltung: Dall'O & Freunde
Druckvorbereitung: Typoplus, Frangart
Printed in Europe

ISBN 978-3-85256-889-8

www.folioverlag.com

E-Book ISBN 978-3-99037-152-7